文科生 也看得懂的 電路學

第2版（修訂版）

electric circuits

文系でもわかる電気回路第 2 版
(Bunkei demo Wakaru DenkiKairo dai2han：5076-5)
© 2017 Akira Yamashita
Original Japanese edition published by SHOEISHA Co.,Ltd.
Traditional Chinese Character translation rights arranged with SHOEISHA Co.,Ltd.
through JAPAN UNI AGENCY, INC.
Traditional Chinese Character translation copyright © 2024 by GOTOP INFORMATION INC.

序

　　本書是寫給電路初學者或想開始認真研究電學知識的人。承蒙各位的支持，有幸推出第二版，加入了三相交流的介紹，內容變得更充實。書中內容已經過篩選，只要具備國中程度，都能看懂裡面的說明，還適時加入了補充內容，請放心。

　　由於電是肉眼看不見的東西，一般人會認為很難理解。但是，電與人類不同，對任何人都一視同仁，這是電最方便的一點。因為，不論是面對身為電學老師的我，或完全不懂電學理論的嬰兒，電都會做出相同反應。舉例來說，我使用遙控器打開電視，與嬰兒用遙控器開啟電視，兩者的架構完全一樣。換句話說，人只要瞭解電的原理，就可以按照理論操控電力。

　　市面上有許多探討人際關係的書籍，恐怕都不似電學理論般精準，畢竟世界上的人形形色色。但是電卻沒有例外，而且可以按照理論來控制，就這一點來看，電或許稱得上是最理想的伴侶。作為個人配偶，電是否為理想伴侶，不得而知。但是我敢肯定，對全人類而言，電是最佳夥伴。畢竟，現在你的生活當中，若沒有電，恐怕萬事皆休。人類享受電帶來的恩惠已經超過百年，對於可以依照理論操控電力的人類來說，算是最好的回報吧！

　　若要探討規模較大的議題，可能會過於廣泛。我希望盡可能引發你學習電的動機，因此，選擇寫出比較有趣的內容。接下來要帶領你進入電的領域，旅途上偶爾會出現險阻或暴風。遇到這種難關，可能是我的解釋不夠淺顯易懂所致，不過，要瞭解肉眼看不見的電，原本就必須付出努力，突破難關才行。總而言之，我秉持著苦中作樂的原則寫下這本書，請務必耐心看下去。

山下明

目錄

　　本書將各單元的難易度分成 5 個等級★★★★★，這僅是筆者依照個人判斷及想法所做的分級，請當作參考即可。

電路的基本知識

首先，開始行前準備。

1-1 ▶ 電是什麼？

 ▶【電】

電是一顆一顆的，分成正電與負電。

冷不防就出現這種摸不著頭緒的說明。最難懂的是，電竟然可以用一顆一顆來描述。這種一顆一顆的粒子，究竟是怎麼來的？為什麼在都沒有的地方，會出現正負。一般而言，正負抵消之後，應該變成中性，但是用墊板摩擦頭髮時，會從空無一物的地方，分離出正電與負電。

由於正電與負電不會頻繁移動，所以墊板摩擦頭髮產生的電，稱作靜電。另外，利用電池或電源讓一顆一顆電子移動的電，稱作動電，或直接稱為電。

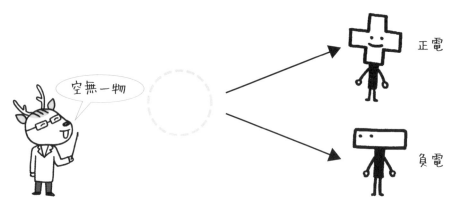

圖 1.1：**空無一物的地方，其實潛藏著正電與負電。**

以下簡單說明正電與負電的特性。正、負電是同性相斥、異性相吸。正確來說，正電與正電或負電與負電之間會產生相斥力，而正電與負電則會出現相吸力。

 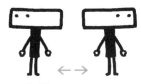 

正電夥伴；相斥　　　　　負電夥伴；相斥　　　　　正電與負電；相吸

圖 1.2：正電與負電的相吸與相斥

 ▶【電荷】

帶正電或負電的粒子稱作電荷。

　這種粒子可以運送電。基於這個緣故，「負責搬運『電』這種物質」的粒子，稱作電荷。

　電荷的單位是 C，稱作庫倫。1C 是如何決定的？其實非常複雜，留到後面再做說明。

　帶電荷的物質之中，包括電子。電子是極小的物質，帶負電荷。

　一個電子帶的電荷極小，為 $- 1.602 \times 10^{-19}$ C。這個數字究竟有多小，只要看完 **1-2**，就可以瞭解。如果直接把這個數字寫出來，會是 $- 0.0000000000000000001602$ C。

問 1-1 請列出含有「氣」的名詞，就會發現，大部分都是指肉眼看不見的東西。

問 1-2 三個電子共帶有多少電荷？

解答請見 P.188

9

1-2 ▶ 電的表示方法：前綴詞

我們常用「數學」來表示電。原因在於，希臘的偉大數學家－畢達哥拉斯（Pythagoras）（BC582-BC496）過去曾經說過

「萬物皆數」

因此，運用電的時候，也會用到數學。基於這個緣故，如果希望操控電力，就得瞭解數學。

表示電量大小時，常會出現「極大」或「極小」的數值。舉例來說，上一頁曾經提到電子，一個電子擁有 − 0.0000000000000000001602 C 的電荷，電量非常微小，若要逐一寫出每個數字，實在很麻煩。

因此，可以導入表 1.1 的指數來表示。這張表格的第一行看得人眼花撩亂，但是第二行就顯得很清爽。一個電子的電荷也可以寫成

$$− 0.0000000000000000001602\,C = − 1.602 × 10^{−19}\,C$$

看起來清楚多了，不過還有更簡潔的寫法，就是使用前綴詞。請見表 1.1 的第三行，每三位數以一個英文字母為代號（1000 到 0.001 是每一位數）。因此，一個電子的電荷就會變成

$$− 1.602 × 10^{−19}\,C = − 1.602 × 10^{−1} × 10^{−18}\,C = − 0.1602\,aC$$

看起來更簡潔。

? ▶【前綴詞】

以前綴詞來代表極大或極小的數字很方便。

問 **1-3** 請使用適當的前綴詞來表示以下的重量。

(1)0.0001 g　(2)100000 g　(3)$3.5 × 10^3$ g　(4)$3.5 × 10^4$ g

解答請見 P.188

表 1.1：表示極大數值的方法（好像階梯）

直接寫成數字	指數	前綴詞	唸法
1000000000000000000	10^{18}	E	Exa
100000000000000000	10^{17}		
10000000000000000	10^{16}		
1000000000000000	10^{15}	P	Peta
100000000000000	10^{14}		
10000000000000	10^{13}		
1000000000000	10^{12}	T	Tera
100000000000	10^{11}		
10000000000	10^{10}		
1000000000	10^{9}	G	Giga
100000000	10^{8}		
10000000	10^{7}		
1000000	10^{6}	M	mega
100000	10^{5}		
10000	10^{4}		
1000	10^{3}	k	kilo
100	10^{2}	h	hecto
10	10^{1}	da	deca
1	10^{0}		
0.1	10^{-1}	d	deci
0.01	10^{-2}	c	centi
0.001	10^{-3}	m	milli
0.0001	10^{-4}		
0.00001	10^{-5}		
0.000001	10^{-6}	μ	micro
0.0000001	10^{-7}		
0.00000001	10^{-8}		
0.000000001	10^{-9}	n	nano
0.0000000001	10^{-10}		
0.00000000001	10^{-11}		
0.000000000001	10^{-12}	p	pico
0.0000000000001	10^{-13}		
0.00000000000001	10^{-14}		
0.000000000000001	10^{-15}	f	femto
0.0000000000000001	10^{-16}		
0.00000000000000001	10^{-17}		
0.000000000000000001	10^{-18}	a	atto

1-3 ▶ 電流是什麼？

「『電』的『流動』」稱作電流。電流是代表 1 秒通過多少電荷，單位是 A（安培）。

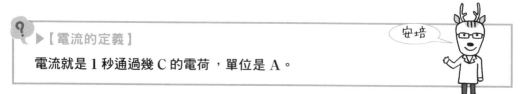

▶【電流的定義】

電流就是 1 秒通過幾 C 的電荷，單位是 A。

安培

　　請見圖 1.3 藍色的部分。左邊有 3 個 + 1 C 的電荷，因此共計有 3C 的電荷往右移動。1 秒之後，這些電荷會通過藍色的部分，因此可以説，由左往右的電流有 3A。

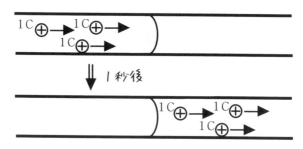

圖 1.3：**通過這裡的電流是 3A**

　　假設 t 秒鐘有 Q〔C〕的電荷通過，請用算式來表示通過的電流 I〔A〕。從電流的定義來看，電流與移動的電荷成正比，和所需的時間成反比。

▶【電流：寫成算式】

$$I = \frac{Q}{t}$$

● 例　　2 秒鐘移動 10C 的電荷，請問通過的電流有多少？

$$\boxed{\text{答}}\quad I = \frac{Q}{t} = \frac{10}{2}\,\text{A} = 5\,\text{A}$$

問 1-4 假設 0.5 秒移動 3C 的電荷，請問通過的電流有多少？

問 1-5 假設 20 秒通過 0.1A 的電流，請問移動幾 C 的電荷？

解答請見 P.188

　　接下來，要討論電子與電流移動的方向。電子帶有負電荷，換句話說，電子移動的流向與電流相反。

　　聽起來很抽象，這裡稍微詳細說明一下。上述說法感覺很哲學，但是若要讓電子往右移動，代表電子要進入空無一物的右側空位。如圖 1.4 所示，電子往右移動時，左邊的位子會空下來。電流的方向等於正電荷移動的方向，相對而言，空位往左移動時，與正電荷往左等價。

　　因此，空位的移動方向與電流方向一致。

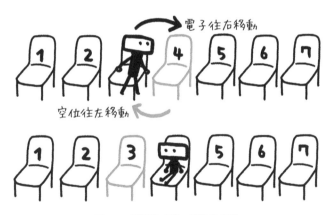

圖 1.4：電子往右移，空位往左移

▶【電子與電流的方向】

電子的流向與電流的方向相反

1-4 ▶ 何謂電位、電壓？

請見圖 1.5。在 U 型導管注入清水，讓左邊水位高於右邊，可以想見水是由左往右流動。

此時，高水位與低水位的差異，亦即水位差變大時，水量會出現什麼變化？沒錯，流動的水量會增加。

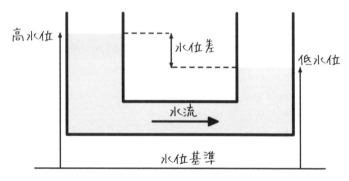

圖 1.5：水位與水位差

此時，可以將水比喻為電荷，水流代表電流，還能將水位當作電位，水位差是電位差或電壓。另外，電位、電位差、電壓的單位是伏特，以英文字母 V 代表。

表 1.2：水與電的對應表

水	電荷
水流	電流
水位	電位
水位差	電位差（電壓）

圖 1.6：電池的正極與負極

當電位出現差異，亦即產生電位差或電壓時，就會移動電荷。電壓也有正負之分，電位高的部分稱作正極，低的是負極。以圖 1.6 的電池為例，突起端是正極，平坦端是負極。我們常見的 3 號電池可以產生 1.5V 的電壓。

讓我們再深入瞭解電位、電位差、電壓。如圖 1.7 所示，串聯 2 個 1.5V 的 3 號電池。此時，Ⓐ的電位為基準 0V，Ⓑ的電位是 1.5V，Ⓒ的電位是 3V。

Ⓐ與Ⓑ之間的電位差（電壓）是 1.5V，Ⓑ與Ⓒ之間的電位差（電壓）是 1.5V，Ⓐ與Ⓒ之間的電位差（電壓）是 3V。

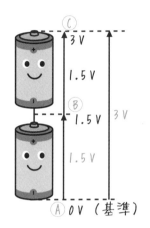

電位		電位差（電壓）	
Ⓐ	0V	ⒶⒷ之間	1.5V
Ⓑ	1.5V	ⒷⒸ之間	1.5V
Ⓒ	3V	ⒶⒸ之間	3V

圖 1.7：電位與電位差（電壓）

水與電荷的差異在於，電荷擁有正負。究竟電位差（電壓）是如何讓電荷移動的呢？請見圖 1.8。電荷同性相斥，異性相吸，因此正電荷會受到負極吸引，負電荷會被正極吸引。

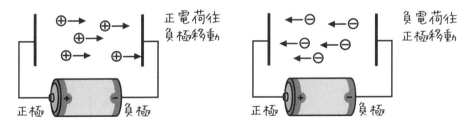

圖 1.8：電位差（電壓）會讓電荷移動

▶【電位差或電壓的作用】

電位差（或電壓）具有移動電荷的力量。

1-5 ▶ 何謂電路

 ▶【電路】
讓電荷不斷循環的路徑。

　顧名思義，電路是指不斷循環，形成迴路的線路。以下舉個與電路不太一樣的例子來做說明。

　在循環不息的系統中，包含「水循環」。如圖 1.9 所示，太陽注入熱能，使海水蒸發變成雲朵，碰到山脈之後開始降雨。雨水流到河川中，最後回歸大海，這一連串的過程就是水循環。

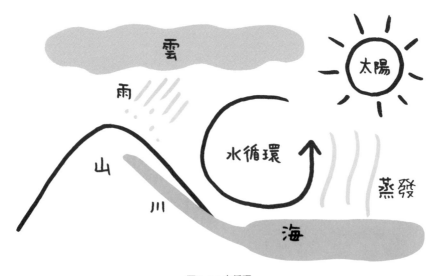

圖 1.9：水循環

　這點與電路極為相似。如表 1.3 所示，將太陽比喻為電池，水流當作電流。水本身就是運送電流的電荷。而山脈的傾斜角度是電位差（電壓），河川粗細代表水道，能左右水的流量，這個部分可以當作電路中的電阻，單位是歐姆，使用希臘文字的 Ω 符號表示。

表 1.3：水循環與電路的對應表

太陽	電池
水流	電流
水	電荷
河川粗細	電阻
山勢	電位差（電壓）

　　河川會產生水流，而電路會因為電荷移動而產生電流。容易導電的金屬，裡面有很多帶負電荷的電子。這種電子可以自由移動，因此稱作自由電子。金屬容易導電，是因為擁有大量自由電子的緣故，以下就利用電池來試著移動電子。

　　如圖 1.10 所示，電子從負極出發，通過電阻，往正極移動。

　　那麼，電流的方向呢？電流的方向與電子相反，所以電流從正極出發，往負極移動。圖 1.10 的粗箭頭指的方向，就是電流的方向。

正極

負極

電阻

圖 1.10：最單純的電路

1-6 ▶ 電路圖的畫法

 ▶【電路圖】

可以輕鬆畫出電路。

到目前為止,都是畫出實物般的實體配線圖來說明電路。可是,今後在學習電學的過程中,經常要繪製許多電路圖,假如全都畫成實體配線圖,會非常麻煩。因此,可以用簡單明瞭的標示,在紙張上描述電路的方法,就是電路圖。

首先,電池的標示如圖 1.11 所示。長橫線是正極,短橫線是負極。圖 1.12 是電阻的符號。以前是用右邊的折線來代表電阻,但是現在已經改用左邊的長方形符號,本書使用的是新電阻符號,不過市面上仍有沿用折線來說明的書籍。

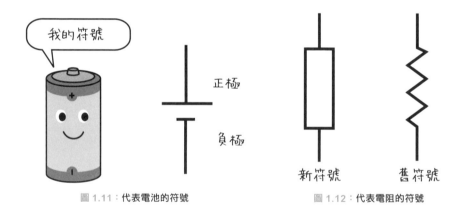

圖 1.11:代表電池的符號　　　　圖 1.12:代表電阻的符號

接下來,試著將最簡單的電路畫成電路圖吧!圖 1.13 的左邊是實體配線圖,將這張圖變成電路圖之後,會是右邊這個模樣。利用箭頭標示出電流的流向。請先分別畫出這兩種圖,哪一種比較輕鬆呢?

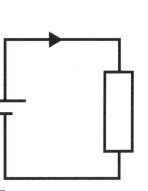

圖 1.13：**最簡單的電路圖**

接下來，要說明連接這些元件的電線畫法。當電路圖變得複雜，就可能出現電線彼此交錯的情況。此時，可以用圖 1.14 的方式來表示電線究竟有沒有連在一起。沒有黑色圓圈●，代表交叉不相連；若有黑色圓圈●，表示交叉相連。

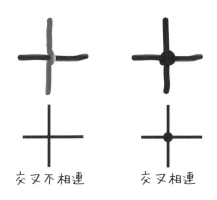

圖 1.14：**電線的交叉狀態**

問 1-6 請將以下兩張實體配線圖畫成電路圖。

解答請見 P.188

第 1 章　練習題

【1】假設 1 秒有 100 個電子移動，請求出電流的大小。

【2】假設 1 秒有 1A 的電流通過，請問此時有多少電子移動？

解答請見 P.188

COLUMN "electricity" 的語源

電的英文是 electricity，這個字源自古希臘語 *ἤλεκτρου*，意思是「琥珀」，代表閃耀紅色或黃色美麗光芒的樹脂化石。由於琥珀非常漂亮，所以兩千年前的希臘人會用布擦拭，結果因此產生靜電，使得琥珀表面吸附住輕盈棉線，當時的人們對這種現象感到非常不可思議。

十六世紀後半，英國的吉伯特教授（Gilbert）發現玻璃與硫磺石也會出現相同現象，因此以拉丁文稱作 electrica。
這就是 electricity 這個字的由來。

直流電路

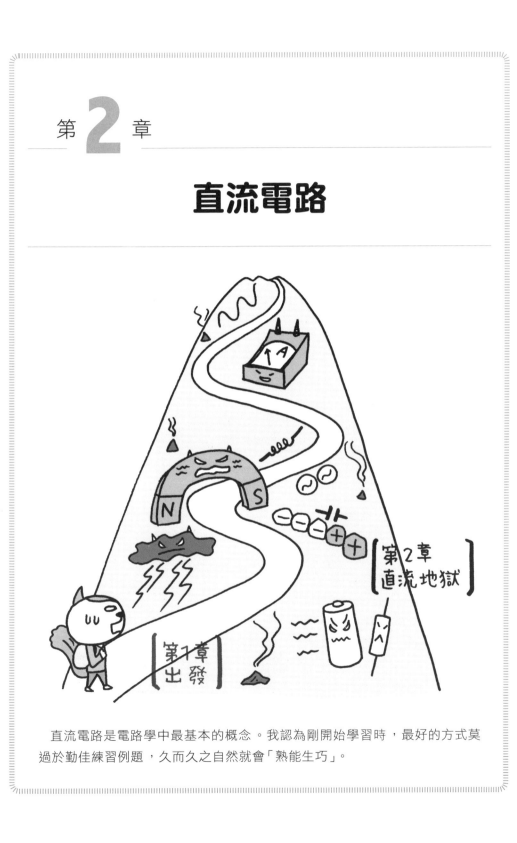

直流電路是電路學中最基本的概念。我認為剛開始學習時，最好的方式莫過於勤佳練習例題，久而久之自然就會「熟能生巧」。

2-1 ▶ 歐姆定律 1：定義

❓ ▶【歐姆定律　之 1】

電壓愈大，通過的電流愈大。

　　如圖 2.1 左圖所示，在 U 型導管中，注入清水，產生水位差。此時，水會由左邊往右流。當水位差愈大，水的流量愈大。

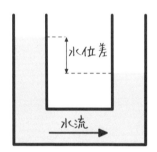 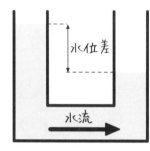 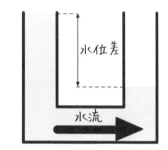

圖 2.1：水位差與水流

　　接下來，改用電路來思考。如圖 2.2 所示，串聯多顆電池，逐漸增加通過電阻的電壓。此時，電流也會愈來愈大。

  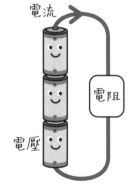

圖 2.2：電壓與電流的關係

▶【歐姆定律 之2】

電阻愈大，電流愈難通過。

以下我們以水循環為例來說明。圖 2.3 左邊畫的是粗河川的水循環，右邊是細河川的水循環。左邊的河川比較寬廣，河水容易流過；右邊的河川比較細小，河水難以通過。假如，河川分成幾個支流，也會依照粗細來分配水量。

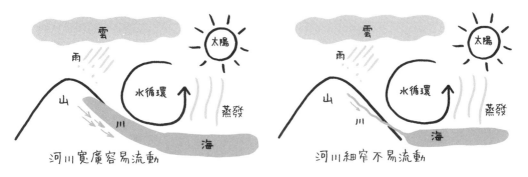

圖 2.3：河川寬度與水量的關係

接下來，按照相同邏輯，換成電路來思考看看。圖 2.4 左邊畫的是電阻小的電路，右邊是電阻大的電路。這張圖顯示出，電阻小，電流容易通過；電阻大，電流不易通過。與水循環一起對照思考，應該比較容易瞭解。

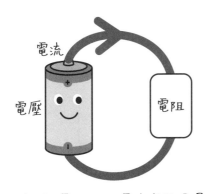
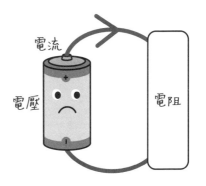

（左）電阻小，電流容易通過　　　　　　（右）電阻大，電流不易通過

圖 2.4：電阻與電流的關係

2-2 ▶ 歐姆定律 2：計算方法 1

看完 **2-1**，掌握歐姆定律的原則後，這裡要開始學習如何計算電量。沒錯，算出具體電量，瞭解答案背後的意義，才是學習電學知識的真正目標。

歸納 **2-1** 的「歐姆定律　之 1」與「歐姆定律　之 2」，可以導出以下算式。

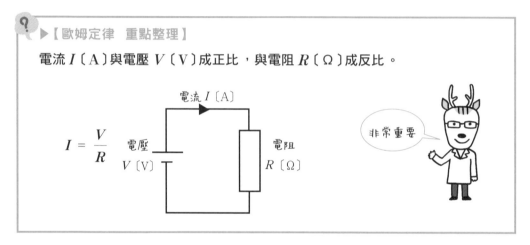

▶【歐姆定律　重點整理】

電流 I〔A〕與電壓 V〔V〕成正比，與電阻 R〔Ω〕成反比。

$$I = \frac{V}{R}$$

電流 I〔A〕　電壓 V〔V〕　電阻 R〔Ω〕　非常重要

「歐姆定律　之 1」說明電壓愈強，電流愈大，代表「電流 I〔A〕與電壓 V〔V〕成正比」。「歐姆定律　之 2」說明電阻愈大，電流愈難通過，亦即「電流 I〔A〕與電阻 R〔Ω〕成反比」。

接下來，開始練習實際的計算方法。想學會肉眼看不見的無形事物，唯有勤加練習，才能「熟能生巧」。請試著解答例題，掌握對電量的感覺。

● **例 1**　在 10Ω 的電阻加上 100V 的電壓，請求出通過的電流是多少？

答 1　根據歐姆定律 $I = \dfrac{V}{R} = \dfrac{100}{10}\,\text{A} = 10\,\text{A}$

假如算式中出現含有前綴詞的量時，只要先記住以下技巧，就很方便。那就是，當分子出現前綴詞，先計算數字，最後在答案加上前綴詞即可。

● **例 2** 在 2Ω 的電阻加上 10kV 的電壓，請求出通過的電流是多少？

> **答 2** 根據歐姆定律 $I = \dfrac{V}{R} = \dfrac{10 \times 10^3}{2}$ A $= 5 \times 10^3$ A $= 5\,\text{kA}$

如果利用前綴詞來作答，結果是這樣。

$$I = \frac{V}{R} = \frac{10\,\text{k}}{2}\,\text{A} = 5\,\text{kA}$$ 非常簡單吧！

如果是分母含有前綴詞，只要在答案中寫出代替正負次方的前綴詞。

● **例 3** 在 2kΩ 的電阻加上 10V 的電壓，請求出通過的電流是多少？

> **答 3** 根據歐姆定律 $I = \dfrac{V}{R} = \dfrac{10}{2 \times 10^3}$ A $= 5 \times 10^{-3}$ A $= 5\,\text{mA}$

如果利用前綴詞來作答，結果是這樣。

$$I = \frac{V}{R} = \frac{10}{2\,\text{k}}\,\text{A} = 5\,\text{mA}$$ 非常簡單吧！

接下來，請試著計算前綴詞比較複雜的例題。計算的訣竅是，要個別計算數字與次方。

● **例 4** 在 0.2MΩ 的電阻加上 2kV 的電壓時，請求出通過的電流是多少？

> **答 4** 根據歐姆定律 $I = \dfrac{V}{R} = \dfrac{2 \times 10^3}{0.2 \times 10^6}$ A $= \dfrac{2}{0.2} \times 10^{3-6}$ A
>
> $$= 10 \times 10^{-3}\,\text{A} = 10\,\text{mA}$$

問 2-1 在 100 Ω的電阻加上 10V 的電壓時，請求出通過的電流是多少？

問 2-2 在 10k Ω的電阻加上 2V 的電壓時，請求出通過的電流是多少？

解答請見 P.189

2-3 ▶ 歐姆定律 3：計算方法 2

學過 **2-2** 之後，你應該已經習慣如何計算電流了吧！為了讓你熟悉各式各樣的計算方法，特別不藏私地列出許多例題。

2-2 的例題是利用電壓與電阻值求出電流。但是 $I = \dfrac{V}{R}$ 這個算式還有其他兩種觀點。

❓▶【歐姆定律　三種觀點】

〔1〕電流 I〔A〕與電壓 V〔V〕成正比」，與電阻 R〔Ω〕成反比。

〔2〕電壓 V〔V〕與電流 I〔A〕及電阻 R〔Ω〕成正比。

〔3〕電阻 R〔Ω〕與電壓 V〔V〕成正比，與電流 I〔A〕成反比。

$$\text{〔1〕} I = \frac{V}{R} \qquad \text{〔2〕} V = IR \qquad \text{〔3〕} R = \frac{V}{I}$$

接下來，試著導出〔2〕與〔3〕的算式。

★導出〔2〕。

根據〔1〕

$$I = \frac{V}{R}$$

兩邊同時乘上 R

$$I \cdot R = \frac{V}{R} \cdot R$$

消去右邊的 R

$$I \cdot R = \frac{V}{\cancel{R}} \cdot \cancel{R}$$

會變成

$$I \cdot R = V$$

左右兩邊對調

$$V = I \cdot R \quad 〔2〕$$

★導出〔3〕。

根據〔2〕

$$V = I \cdot R$$

兩邊同時除以 I

$$\frac{V}{I} = \frac{I \cdot R}{I}$$

消去右邊的 I

$$\frac{V}{I} = \frac{\cancel{I} \cdot R}{\cancel{I}}$$

會變成

$$\frac{V}{I} = R$$

左右兩邊對調

$$R = \frac{V}{I} \quad 〔3〕$$

接下來，用實際的例題來說明。

● 例 1　2A 的電流通過 10Ω 的電阻時，要加上多少電壓？

　　答 1　根據算式〔2〕$V = IR = 2 \times 10$ V $= 20$ V

● 例 2　在一定的電阻中，加上 10V 的電壓，會通過 2A 的電流，請求出電阻值是多少？

　　答 2　根據算式〔3〕$R = \dfrac{V}{I} = \dfrac{10}{2}$ Ω $= 5$ Ω

以上是比較簡單的例題，即使加上前綴詞，基本的計算原則也一樣。以下列出多道練習題，請逐步運算，藉此抓住訣竅。

問 2-3　50mA 的電流通過 100 Ω 的電阻時，要加上多少電壓？

問 2-4　1mA 的電流通過 5k Ω 的電阻時，要加上多少電壓？

問 2-5　1μA 的電流通過 100k Ω 的電阻時，要加上多少電壓？

問 2-6　0.1μA 的電流通過 1M Ω 的電阻時，要加上多少電壓？

問 2-7　在一定的電阻中，加上 1V 的電壓，會通過 2mA 的電流，請求出電阻值是多少？

問 2-8　在一定的電阻中，加上 50mV 的電壓，會通過 2mA 的電流，請求出電阻值是多少？

問 2-9　在一定的電阻中，加上 10V 的電壓，會通過 50μA 的電流，請求出電阻值是多少？

問 2-10　在一定的電阻中，加上 100V 的電壓，會通過 10μA 的電流，請求出電阻值是多少？

總而言之
要多加練習

解答請見 P.189

2-4 ▶ 歐姆定律 4：深入研究

奇怪，難度等級應該只有 5 顆星，怎麼……。也就是說，這個單元的難度很高，假如看不懂，你可以直接跳過。

一般的電路學入門書都是直截了當地說明什麼是歐姆定律，卻沒有講解歐姆定律的由來。不過，即使完全沒有說明，依舊可以解答大部分的電路問題。只不過，我認為應該有人會想瞭解來龍去脈，因此特別用兩頁來做介紹。這裡說明的內容已經接近大學專業課程的等級，即使看不懂，也無須過於擔心。但是，對於今後打算深入鑽研電學的人而言，多懂一些有益無害。

圖 2.5 是在金屬導體加上電壓時，電子跳動的狀態。金屬中的原子為離子型態，比電子重而且穩定。受到電壓的影響，電子往正極移動。換句話說，電壓會產生往右拉動電子的力量。

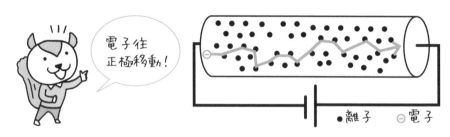

▓ 2.5：金屬導體中的電子跳動狀態

如此一來，電子持續加速，速度逐漸上升。此時，電子會與金屬中較重的離子碰撞[*1]，達到上限之後，電子的速度將趨於穩定。換句話說，通過的電流會固定下來。就像降落傘下降時，空氣阻力與重力達到平衡，下降速度就會維持穩定（圖 2.6、圖 2.7）。

[*1] 更精準的說法是，電子不是與離子產生衝突，而是離子與電子產生相斥力或相吸力，使電子往相反方向移動。這種現象稱作散射，就像右圖這樣。

圖 2.6：因為金屬導體中的電壓而產生的作用力與電阻　　圖 2.7：降落傘的重力與空氣阻力

　　電壓愈強，對電子的作用力愈大；電壓愈弱，對電子的作用力愈小。電子最終維持穩定的速度（終端速度）會隨著電子的作用力而改變。作用力愈大，終端速度也愈大；作用力愈小，終端速度也愈小。也就是說，電流會隨著電壓而變化。

　　將這個原理變成公式之後，就成為歐姆定律。

　　接下來，要進一步導出歐姆定律。把 l 當作導體的長度，$E = \dfrac{V}{l}$ 是電場，對電荷 $-e$ 產生 $-e\dfrac{V}{l}$ 的外力。另外，電子散射時的作用力與電子的速度 v 成正比，為 $-\dfrac{m}{\tau}v$。這裡的 m 是指電子的質量。τ 是緩和時間。此時，牛頓運動定律（質量×加速度＝外力）的公式如下。

$$m\,\frac{dv}{dt} = -\frac{m}{\tau}v - e\,\frac{V}{l}$$

　　速度固定，也就是 $\dfrac{dv}{dt} = 0$ 的時候，從上述公式可以導出 $v = -\dfrac{eV\tau}{ml}$，這就是電子的終端速度。假設金屬中每單位長度的電子數是 n，1 秒內有 $-nev$ 的電荷移動。因此，通過的電流 I 是

$$I = -nev = -ne\left(-\frac{eV\tau}{ml}\right) = \frac{ne^2\tau}{ml}\,V$$

假設 $R = \dfrac{ml}{ne^2\tau}$，會導出 $V = IR$。R 代表所有的常數，也就是金屬的固定值。換句話說，R 是與電壓與電流有關的比例常數。從這種微小觀點導出歐姆定律的理論，稱作德魯德（Drude）理論，也是瞭解金屬性質的基本理論。

2-5 ▶ 合成電阻之 1：串聯

串聯是電阻相加

$$R_0 = R_1 + R_2$$

要相加

如圖 2.8 所示，將電阻等元件的端點相連，稱作串聯。接下來要研究將電阻串聯之後，會變得如何？

排成一列！
這是串聯

圖 2.8：串聯

首先，請見圖 2.9 左邊的串聯。R_1〔Ω〕與 R_2〔Ω〕的電阻串聯，不論 R_1〔Ω〕或 R_2〔Ω〕，通過的電流 I〔A〕都是一樣的，只要注意到這一點，按照歐姆定律，就能導出以下算式。

$$V_1 = IR_1 、 V_2 = IR_2$$

電源的電壓是 V〔V〕，這是加入電阻 R_1〔Ω〕、R_2〔Ω〕的電壓 V_1〔V〕、V_2〔V〕之總和。因此

$$V = V_1 + V_2 = IR_1 + IR_2 = I(R_1 + R_2)$$

這個算式只要

代入　$R_0 = R_1 + R_2$　就會變成 $V = IR_0$

最後的算式可以當作，在電阻 R_0〔Ω〕加上電壓 V〔V〕，電流 I〔A〕通過電路的歐姆定律。換句話説，亦即在圖 2.9 右邊的電路條件下，成立的算式。即使將兩個電阻 R_1〔Ω〕與 R_2〔Ω〕合併，表示為 $R_0 = R_1 + R_2$，就電源 V〔V〕來看，圖 2.9 左右電路都一樣通過電流 I，因此可以説圖 2.9 左右的電路等價。這種以一個等價的電阻來表示多個電阻，稱作合成電阻。

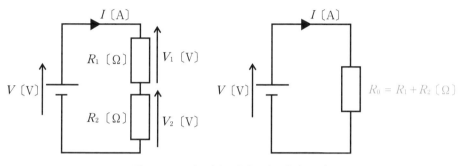

圖 2.9：電阻串聯（左：串聯、右：合成電阻）

● **例 1** 3Ω 與 6Ω 的電阻串聯，請求出合成電阻。

答 1 $R_0 = R_1 + R_2 = 3\,\Omega + 6\,\Omega = 9\,\Omega$

● **例 2** 3kΩ 與 6kΩ 的電阻串聯，請求出合成電阻。

答 2 前綴詞相同，所以可以直接相加。

$R_0 = R_1 + R_2 = 3\,\mathrm{k}\Omega + 6\,\mathrm{k}\Omega = 9\,\mathrm{k}\Omega$

問 2-11 10 Ω 與 100 Ω 的電阻串聯，請求出合成電阻。

問 2-12 2 Ω 與 5 Ω 的電阻串聯，請求出合成電阻。

問 2-13 有 100 條 2 Ω 的電阻，若想使用 4 Ω 的電阻，該怎麼做？

解答請見 P.189~P.190

2-6 ▶ 合成電阻之 2：並聯

▶【並聯合成電阻】

並聯是和分之積

$$R_0 = \frac{R_1 R_2}{R_1 + R_2}$$

如圖 2.10 所示，連接電阻等元件的兩端，稱作<u>並聯</u>。接下來要研究將電阻並聯之後，會變得如何？

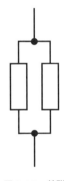

圖 2.10：**並聯**

一起來研究圖 2.11 左邊的並聯。只要注意到，不論 $R_1〔Ω〕$ 或 $R_2〔Ω〕$，都加上相同電壓 $V〔V〕$ 這一點，根據歐姆定律，即可導出

$$I_1 = \frac{V}{R_1} \ \text{、} \ I_2 = \frac{V}{R_2}$$

通過電阻 $R_1〔Ω〕$ 與 $R_2〔Ω〕$ 的電流是 $I_1〔A〕$ 與 $I_2〔A〕$，兩者的總和是電流 $I〔A〕$

根據 $I = I_1 + I_2 = \dfrac{V}{R_1} + \dfrac{V}{R_2} = V\left(\dfrac{1}{R_1} + \dfrac{1}{R_2}\right)$ 所以 $V = \dfrac{1}{\dfrac{1}{R_1} + \dfrac{1}{R_2}} I$

這裡只要代入 $R_0 = \dfrac{1}{\dfrac{1}{R_1} + \dfrac{1}{R_2}} = \dfrac{R_1 R_2}{R_1 + R_2}$ 的話，會導出 $V = I R_0$

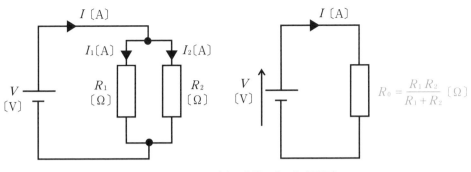

圖 2.11：電阻並聯（左：並聯、右：合成電阻）

這裡的算式變得有點複雜，因此加上補充説明。在分母與分子乘上 $R_1 R_2$，會變成

$$\cfrac{1}{\cfrac{1}{R_1}+\cfrac{1}{R_2}} = \cfrac{R_1 R_2}{R_1 R_2 \left(\cfrac{1}{R_1}+\cfrac{1}{R_2}\right)}$$

展開分母的括弧之後，算式會變成以下這樣。

$$\cfrac{R_1 R_2}{R_1 R_2 \cfrac{1}{R_1}+R_1 R_2 \cfrac{1}{R_2}} = \cfrac{R_1 R_2}{R_2 + R_1} = \cfrac{R_1 R_2}{R_1 + R_2}$$

● **例** 3Ω 與 6Ω 的電阻並聯，請求出合成電阻。

答 $R_0 = \cfrac{R_1 R_2}{R_1 + R_2} = \cfrac{3 \times 6}{3 + 6} \ \Omega = 2 \ \Omega$

問 2-14 20 Ω 與 30 Ω 的電阻並聯，請求出合成電阻。

問 2-15 3k Ω 與 6k Ω 的電阻並聯，請求出合成電阻。

問 2-16 1k Ω 與 1.5k Ω 的電阻並聯，請求出合成電阻。

問 2-17 1 Ω 與 1k Ω 的電阻並聯，請求出合成電阻。

問 2-18 有 100 條 20 Ω 的電阻，若想使用 10 Ω 的電阻，該怎麼做？

解答請見 P.190

2-7 ▶ 合成電阻之 3：串並聯

因為很重要，所以再次說明。

❓ ▶【合成電阻（重點整理）】

串聯是相加，並聯是和分之積

串聯 $R_0 = R_1 + R_2$　　並聯 $R_0 = \dfrac{R_1 R_2}{R_1 + R_2}$

以下要計算組合串聯及並聯的電路，其合成電阻是多少。基本上，找出串聯與並聯的部分，依序計算合成電阻，簡化電路就可以求出答案了。表 2.1 具體說明了如何求出 AB 之間的合成電阻，請循序漸進，仔細瞭解。

表 2.1　找到並聯的部分

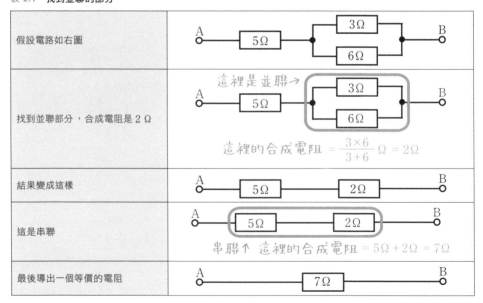

接下來，請多加練習，學會如何計算合成電阻。

問 2-19 請求出下圖 AB 之間的合成電阻。

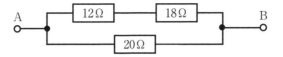

問 2-20 請求出下圖 AB 之間的合成電阻。

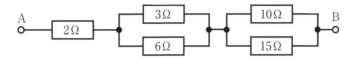

問 2-21 請求出下圖 AB 之間的合成電阻。

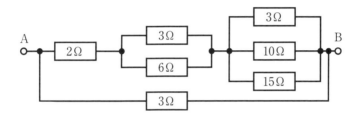

問 2-22 請求出下圖 AB 之間的合成電阻,並且計算下列各項數值。

（1）I_1〔A〕 （2）V_1〔V〕 （3）V_2〔V〕 （4）I_2〔A〕 （5）I_3〔A〕

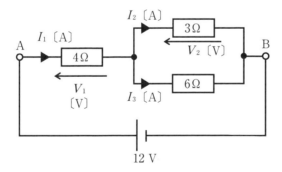

提示 在各電阻套用歐姆定律,逐步計算出未知的電流與電壓。

解答請見 P.190~P.192

2-8 ▶ 克希荷夫定律 1：電流定律

　　克希荷夫定律（Kirchhoff's Rules）是電路學中最基本的定律。只要使用這個定律，就可以按部就班分析複雜的電路，非常方便，所以一定要瞭解。

　　這個定律分成兩大類，包括與電流有關的定律以及與電壓有關的定律。首先，要說明的是，與電流有關的定律。

> ▶【克希荷夫定律的電流定律】
>
> **以下的公式在電路的任何節點都成立。**
>
> 　　〔流入電流的總和〕＝〔流出電流的總和〕

　　究竟這是什麼意思呢？讓我們以水管為例來說明吧！圖 2.12 的左邊是水管圖，水管分成兩路。分岔之後，左邊的水管比較細，右邊的水管比較粗。從上面注入 5L（公升）的水，水會分成兩邊流出。左邊的細水管流出 2L，右邊的粗水管流出 3L。因此，以下算式成立。

　　　　$5\,L = 2\,L + 3\,L$

　　換句話說，分歧點的進水量總和與出水量總和是一致的。

　　接下來，換成電路來思考。圖 2.12 的右邊是電流從上面通過，中途分成兩路。左邊通過 2A 電流，右邊通過 3A 電流。因此，以下算式成立。

　　　　$5\,A = 2\,A + 3\,A$

　　也就是，電路上某個節點的流入電流總和與流出電流總和相等，這就是克希荷夫電流定律。

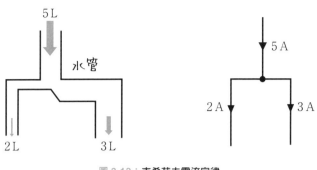

圖 2.12：克希荷夫電流定律

接下來，舉個簡單的例子來説明。

● **例 1** 請求出右圖的 ? A。

答 1 黑色圓圈●的流入電流總和與流出電流總和相等，因此以下算式成立。

〔流入電流的總和〕= 10A，〔流出電流的總和〕= 2A + ? A

因此，根據 10 = 2 + ? ，推算出 ? A = 10A－2A = 8A。

● **例 2** 請求出右圖的 ? A。

答 2 和例 1 一樣，以下算式成立。

〔流入電流的總和〕= 10A，〔流出電流的總和〕= 11A + ? A

因此，根據 10 = 11 + ? ，推算出 ? A = 10A－11A = －1A。

奇怪？電流竟然是負的？沒錯，請見下圖，因為負電流可以當成逆向的正電流。

2-9 ▶ 克希荷夫定律 2：電壓定律

接下來，要說明與電壓有關的定律。不過在此之前，請先瞭解幾個名詞。包括電壓降、電動勢、閉路。

在圖 2.13 的電路中，於 ab、ac 之間的電阻加上 V_1〔V〕、V_2〔V〕的電壓。電路下方，還有以 c 點的電位為基準，顯示電位變化的圖表。這樣就能瞭解，愈靠近電流的方向，電位愈低。V_1〔V〕、V_2〔V〕這種電阻兩端的電壓，稱作電壓降（Voltage Drop）。

另外，為了與電壓降做區隔，讓電流流動的電壓，如電池的電壓 V〔V〕，稱作電動勢（Electromotive Force）。

電路至少會畫出一個迴路。如圖 2.13 以顏色標示的部分所示，這種繞行一周的封閉迴路稱作閉路。

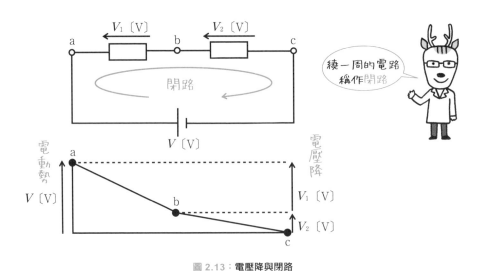

圖 2.13：電壓降與閉路

這裡要注意的是，閉路中混合了電動勢與電壓降等兩種電壓。因此以下公式成立。

$$V = V_1 + V_2$$

一般而言，會變成以下這樣。

> **?** ▶【克希荷夫電壓定律】
>
> **在電路的閉路中，以下公式成立。**
>
> 〔電動勢的總和〕＝〔電壓降的總和〕

這就是克希荷夫電壓定律，適用電路中的任何一個閉路。以下舉個實際的例子來套用克希荷夫電壓定律，我想這樣應該會比較容易瞭解。

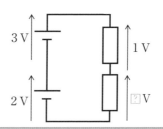

● **例 1**　請求出右邊電路中的 ? V。

答 1　分別計算電動勢與電壓降的總和，

〔電動勢的總和〕＝ 3V ＋ 2V ＝ 5V、〔電壓降的總和〕＝ 1V ＋ ? V

由於這些都相等，所以從

5 ＝ 1 ＋ ? 可以推出 ? V ＝ 5V － 1V ＝ 4V

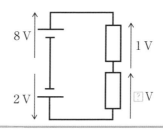

● **例 2**　請求出右邊電路中的 ? V。

答 2　2V 的電動勢是逆向連接，所以計算總和時，必須變成負值。

〔電動勢的總和〕＝ 8V － 2V ＝ 6V、〔電壓降的總和〕＝ 1V ＋ ? V

因此，從 6 ＝ 1 ＋ ? 可以計算出 ? V ＝ 6V － 1V ＝ 5V。

2-10 ▶ 克希荷夫定律 3：計算方法

❓ ▶【克希荷夫定律的基本用法】
列出與所求數值（＝未知數）相同數目的算式（＝方程式）

　　使用克希荷夫定律可以按部就班分析出和圖 2.14 一樣複雜的電路。換句話說，利用這個定律能算出各個位置的電流或電壓。

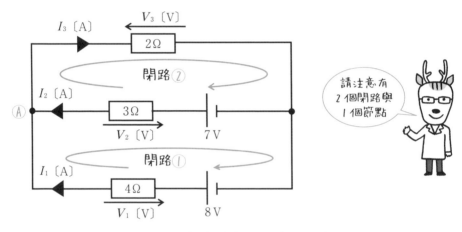

請注意有 2 個閉路與 1 個節點

圖 2.14：使用克希荷夫定律來分析這個電路

　　請計算出這個電路中，通過各電阻的電流 I_1〔A〕、I_2〔A〕、I_3〔A〕。要求的值，也就是未知數有三個，所以要設定三個算式。注意閉路①與閉路②，

　　　閉路①：〔電動勢的總和〕＝ 8 V － 7 V ＝ 1 V

　　　　　　　〔電壓降的總和〕＝ V_1 ＋（ － V_2 ）

　　　閉路②：〔電動勢的總和〕＝ 7 V

　　　　　　　〔電壓降的總和〕＝ V_2 ＋ V_3

利用克希荷夫定律可以導出以下算式。

　　　閉路①：V_1 － V_2 ＝ 1 V、　　閉路②：V_2 ＋ V_3 ＝ 7 V

按照歐姆定律

$$V_1 = 4\,I_1 \cdot V_2 = 3\,I_2 \cdot V_3 = 2\,I_3$$

因此

閉路①：$4\,I_1 - 3\,I_2 = 1\,\text{V}$、閉路②：$3\,I_2 + 2\,I_3 = 7\,\text{V}$

這樣就導出兩個算式了。另外一個是來自克希荷夫電流定律。節點Ⓐ流入的電流總和是 $I_1〔A〕 + I_2〔A〕$，流出的電流總和是 $I_3〔A〕$。因此，以下算式成立。

$$I_1 + I_2 = I_3$$

歸納以上三個算式的結果如下。

$$4\,I_1 - 3\,I_2 = 1\,\text{V} \cdots (1) \cdot \quad 3\,I_2 + 2\,I_3 = 7\,\text{V} \cdots (2) \cdot \quad I_1 + I_2 = I_3 \cdots (3)$$

　請解開這個聯立方程式，計算出 $I_1〔A〕$、$I_2〔A〕$、$I_3〔A〕$。解題的基本原則是，減少英文字母。把算式（3）的 $(I_1 + I_2)$ 代入算式（2）的 $I_3〔A〕$，以消去 $I_3〔A〕$。這樣會變成

$$4\,I_1 - 3\,I_2 = 1\,\text{V} \cdots (1) \cdot \quad 3\,I_2 + 2(I_1 + I_2) = 7\,\text{V} \cdots (2)'$$

$$4\,I_1 - 3\,I_2 = 1\,\text{V} \cdots (1) \cdot \quad 3\,I_2 + 2\,I_1 + 2\,I_2 = 7\,\text{V} \cdots (2)''$$

$$4\,I_1 - 3\,I_2 = 1\,\text{V} \cdots (1) \cdot \quad 2\,I_1 + 5\,I_2 = 7\,\text{V} \cdots (2)'''$$

未知數變成兩個，$I_1〔A〕$ 與 $I_2〔A〕$，方程式也剩下兩個，算式（1）與算式（2）$'''$。接下來，以加、減法解開這兩個算式。為了消去 $I_2〔A〕$，請先計算出 $5 \times (1) + 3 \times (2)'''$。

$$
\begin{array}{rrrll}
20\,I_1 & - & 15\,I_2 & = & 5 \quad \cdots 5 \times (1) \\
+)\ 6\,I_1 & + & 15\,I_2 & = & 21 \quad \cdots 3 \times (2)''' \\
\hline
26\,I_1 & & & = & 26 \quad \cdots 5 \times (1) + 3 \times (2)''' \\
\end{array}
$$

　因此，$I_1 = 1\text{A}$。將這個結果代入（2）$'''$，按照 $2\,\Omega \times 1\,\text{A} + 5\,I_2 = 7\,\text{V}$，算出 $I_2 = 1\,\text{A}$。最後從算式（3）求出 $I_3〔A〕$，所以 $I_3 = I_1 + I_2 = 1\,\text{A} + 1\,\text{A} = 2\,\text{A}$。

　這樣就能算出電路中各個場所的電流了，真是可喜可賀啊！

2-11 ▶ 惠斯登電橋

【惠斯登電橋（Wheatstone Bridge）】

以交叉相乘的方式消去橋樑（Bridge）。

交叉相乘

$R_X R_W = R_Y R_Z$

雖然開頭的說明像是讓人摸不著頭緒的咒語，但是內容並不重要。圖 2.15 左邊的電路稱作惠斯登電橋（heatstone Bridge）。Ⓖ是檢流計，這是以指針顯示電流是否通過的儀器。圖 2.15 右邊也畫出一模一樣的電路，只不過這裡的電阻平行排列，看起來比較容易瞭解。

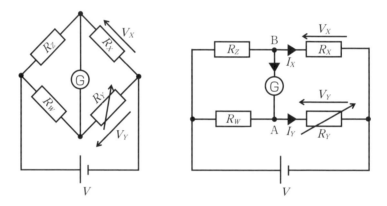

圖 2.15：**惠斯登電橋**

請思考一下，調整可以任選數值的可變電阻 R_Y〔Ω〕（圖 2.15 附箭頭的電阻），讓介於 AB 之間的檢流計Ⓖ，其通過的電流 I_G〔A〕為零，會發生什麼情形？首先，$I_G = 0A$ 是指，節點 A 與節點 B 的電位相同，換句話說，就是 $V_X = V_Y$。這樣就會變成

$$V_X = I_X R_X = \frac{V}{R_X + R_Z} R_X \cdot V_Y = I_Y R_Y = \frac{V}{R_Y + R_W} R_Y$$

因此 $\frac{V}{R_X + R_Z} R_X = \frac{V}{R_Y + R_W} R_Y$。接著變形這個算式。兩邊除以 V，變成

$$\frac{R_X}{R_X + R_Z} = \frac{R_Y}{R_Y + R_W} \, 。$$

兩邊乘以 $(R_X + R_Z)(R_Y + R_W)$，約分之後變成

$$（左）= (R_X + R_Z)(R_Y + R_W) \frac{R_X}{R_X + R_Z} = R_X(R_Y + R_W)$$

$$（右）= (R_X + R_Z)(R_Y + R_W) \frac{R_Y}{R_Y + R_W} = R_Y(R_X + R_Z)$$

去掉兩邊的括弧，變成 $R_X R_Y + R_X R_W = R_Y R_X + R_Y R_Z$，兩邊再減去 $R_X R_Y$，就導出

$$R_X R_W = R_Y R_Z \cdots（*）$$

仔細比對圖 2.15 的電路與（*）的結果，就會發現一件有趣的事情。按照圖 2.15 的電阻配置，交叉相乘之後，結果一致。

● 例 1　圖 2.15 假設 $\dfrac{R_Z}{R_W} = 100$。可變電阻為 $R_Y = 2.5\ \Omega$ 時，檢流計不會擺動，請計算出未知電阻 $R_X〔\Omega〕$。

答 1　$R_X = R_Y \dfrac{R_Z}{R_W} = 2.5\ \Omega \times 100 = 250\ \Omega$

　如同以上這個例子所示，惠斯登電橋是用來計算出未知電阻的數值。反之，若四個電阻之間存在交叉相乘的關係，代表電流不會通過檢流計，與沒有架起橋樑的情況一樣。因此，「即使刪除相當於橋樑的部分也沒關係」。

● 例 2　請求出左下圖 AB 之間的合成電阻。

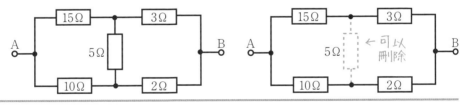

答 2　由於交叉相乘的關係（3×10 = 15×2）成立，因此可以省略成為橋樑（Bridge）的 5Ω 電阻。首先，15Ω 與 3Ω 的串聯合成電阻是 15Ω + 3Ω = 18Ω。接著，10Ω 與 2Ω 的串聯合成電阻是 10Ω + 2Ω = 12Ω。最後 18Ω 與 12Ω 的並聯合成電阻是 $\dfrac{18 \times 12}{18 + 12}\ \Omega = 7.2\Omega$。

2-12 ▶ 定電壓、定電流、電池

> ❓ ▶【定電壓、定電流】
>
> **（顧名思義）**
>
> **固定電壓就是定電壓，固定電流為定電流。**

到目前為止，沒有深究，就自然沿用的這個符號 ⊥，其實還沒提出正確的說明。因此，以下要詳細介紹電源。

先前曾經稱這個符號 ⊥ 為「電池」、「電動勢」或「電源」，講法十分籠統。但是這裡要提出精確的名稱，就是定電壓。顧名思義，這是指電壓維持固定的電力來源。如圖 2.16 所示，電壓固定，電流會配合連接的電阻而產生變化。

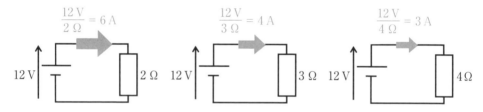

圖 2.16：定電壓：電壓固定，電流產生變化

那麼，也有固定電流的電源吧！的確如此。按照字面的意義，命名為定電流。如圖 2.17 所示，電流固定，電壓會配合連接的電阻產生變化。

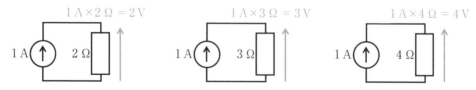

圖 2.17：定電流：電流固定，電壓產生變化

▶【那麼，何謂電池？】

電池是定電壓與電阻串聯。

　既然如此，你應該會想到「電池又是什麼？」以下將針對這一點提出說明。和從錢包拿錢的道理一樣，電池釋放的電流大小有極限。不管如何壓榨，錢包取出的金錢都以收入為上限。圖 2.18 說明了這個理論，這是定電壓產生的電動勢 E〔V〕與電阻 r〔Ω〕串聯的圖示。電阻 r〔Ω〕是電池的內部電阻。

　請見圖 2.18 正中央的電路圖，電池兩端連接電阻 r〔Ω〕，請計算出電池產生的電流 I〔A〕。這張電路圖中，R〔Ω〕與 r〔Ω〕串聯，因此合成電阻為 R〔Ω〕+ r〔Ω〕。加上電動勢 E〔V〕，根據歐姆定律，結果變成 $I = \dfrac{E}{R + r}$。

　縱軸是電流 I〔A〕，橫軸是電阻 R〔Ω〕，如圖 2.18 右邊的圖表所示。R〔Ω〕愈小，合成電阻 R〔Ω〕+ r〔Ω〕愈小，電流值愈大。可是，因為有內部電阻 r〔Ω〕，所以合成電阻最小為 r〔Ω〕。然而，$R = 0\,Ω$ 時，電流 I〔A〕最大，$I = \dfrac{E}{r}$ 是電池產生的最大電流。

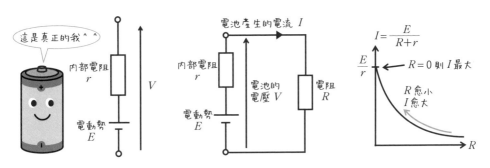

圖 2.18：**電池的本體及特性**

問 2-23 ▶ 假設電動勢為 1.5V，內部電阻是 0.5 Ω，請計算出電池產生的最大電流。

解答請見 P.192

2-13 ▶ 戴維寧定理

　　標題看起來似乎很艱澀，實際的內容沒有那麼困難。戴維寧定理（Thevenin's Theorem）是：

▶【戴維寧定理】

可以將電路換成電池。

> 又稱作等效電壓源定律

這個定理說明的就是這件事。但究竟是什麼呢？其實，就像圖 2.19 這種複雜的電路。當你遇到要計算這種複雜電路的電流 I〔A〕時，只要把圖 2.19 的藍框換成電池，就可以輕易解開問題。

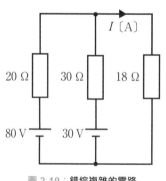

圖 2.19：錯綜複雜的電路

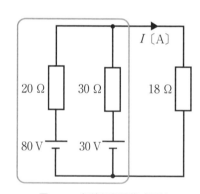

圖 2.20：把這個部分換成電池

　　讓我們複習一下，電池究竟是什麼？電池就是如圖 2.21 所示，電動勢 E〔V〕與內部電阻 R〔Ω〕串聯的電路[2]。

　　接下來，請將圖 2.20 的藍框換成電池。若想求出內部電阻 R〔Ω〕，只要計算出當電動勢為零，電池兩端的電阻即可。藍框內的電動勢變成零，去除電動勢之後，完成圖 2.22 的電路。這兩端相當於內部電阻 R〔Ω〕。因此可以輕易計算出

---

[2]　想複習的人，請參考「**2-12 定電壓、定電流、電池**」。

$$R = \frac{20 \times 30}{20 + 30} \ \Omega = 12 \ \Omega$$

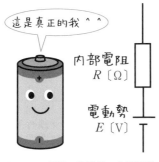

圖 2.21：電池＝電動勢＋內部電阻

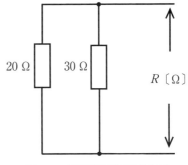

圖 2.22：計算出內部電阻 $R〔\Omega〕$

接下來，請計算電動勢。電池產生的電流為零，內部電阻 $R〔\Omega〕$ 的電壓降是零，所以電動勢 $E〔V〕$ 會直接出現在電池的兩極。如此一來，當圖 2.20 的藍框沒有產生電流時，就會形成圖 2.23 的電路，請求出此時的 $E〔V〕$。學過克希荷夫定律的讀者，這是給你們的作業，請確認答案是否為 $E = 60 \ V$。

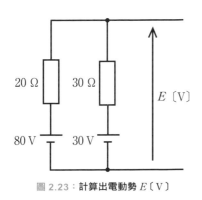

圖 2.23：計算出電動勢 $E〔V〕$

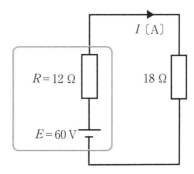

圖 2.24：換成電池後

接下來，把圖 2.20 的藍框換成電池，結果如圖 2.24。這樣要計算出電流 $I〔A〕$ 就易如反掌了！

$$I = \frac{60}{12 + 18} \ A = \frac{60}{30} \ A = 2 \ A$$

2-14 ▶ 諾頓定理

和 **2-13** 的戴維寧定理幾乎一模一樣。

> **❓▶【諾頓定理】**
>
> **可以將電路換成電池。**

欸，兩者有什麼不一樣呢？事實上，諾頓定理（Norton's theorem）與前面學過的戴維寧定理一樣，差別只在表示的內容不同而已。

剛才的戴維寧定理是，以「電池」代替定電壓與電阻串聯。諾頓定理是，以「電池」代替定電流與電阻並聯。換句話說，就是電池可以代表定電流與電阻並聯。首先，請試著換算定電壓與定電流。

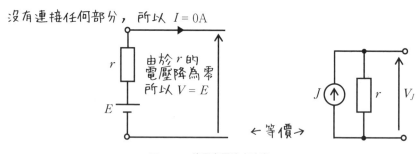

圖 2.25：使用定電流來改寫

圖 2.25 的左邊以電池代表定電壓與電阻串聯，而且沒有連接任何部分，呈現開放狀態。如右圖所示，請將這個部分換成定電流與電阻並聯

原則上，只要選擇定電流 J〔A〕[3]，讓圖 2.25 左右沒有連接任何部分時，電池的電壓一致即可。

首先，左邊的白色圓圈○兩端沒有連接任何部分，因此電流不會通過，內部電阻不會產生電壓降。因此，電池的電壓 V〔V〕與電動勢 E〔V〕一樣。

---

[3] 電流的符號也可以使用 I，但是為了清楚顯示「這是定電流」，所以特別用 J 來表示。

右邊也一樣，白色圓圈○的兩端，沒有連接任何部分，所以固定電流 J〔A〕全部流過內部電阻 r〔Ω〕。根據歐姆定律，兩端的電壓 V_J〔V〕會成為 $V_J = Jr$。

接下來，選擇 J〔A〕，讓右邊的 V_J〔V〕與 V〔V〕一致。只要 $V_J = V$ 即可，所以根據 $Jr = V$，當 $J = \dfrac{V}{r} = \dfrac{E}{r}$ 時，圖 2.25 的兩個電路會同時作用，也就是形成等價電路。

接下來，請使用諾頓定理來解答 **2-13** 說明過的問題吧！方法很簡單，只要將圖 2.20 電路中用藍色框起來的部分，換成圖 2.25 右邊的電路即可。

2-13 也計算過內部電阻 r〔Ω〕，由於 20 Ω 與 30 Ω 並聯，因此

$$r = \frac{20 \times 30}{20 + 30}\ \Omega = 12\ \Omega$$

接著是定電流 J〔A〕，如圖 2.26 所示，電池兩端連接在一起（稱為「短路」）時，電流不會通過內部電阻，來自定電流的電流全部流過白色圓圈○之間。換句話說，通過連接部分的電流就成為定電流 J〔A〕。計算圖 2.27 的 J〔A〕，會變成

$$J = 〔通過 20\ \Omega 的電流〕 + 〔通過 30\ \Omega 的電流〕$$

$$= \frac{80}{20}\ \text{A} + \frac{30}{30}\ \text{A} = 4\ \text{A} + 1\ \text{A} = 5\ \text{A}$$

這樣就可以同時求出 J〔A〕與 r〔Ω〕，最後圖 2.19 的電路可以換成圖 2.28。到這個階段，各位應該可以計算出 J〔A〕了吧！請把 $I = 2$ A 當作練習題，確認如何算出這個答案。

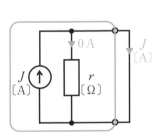

圖 2.26：電池兩端連接在一起（短路）

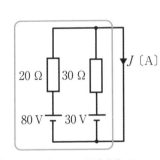

圖 2.27：因此產生 J

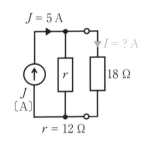

圖 2.28：套用諾頓定理

2-15 ▶ 疊加原理

雖然★號很多，可是遇到多個電源時，這個原理就能派上用場。

❓ ▶【疊加原理】

電源可以一個一個分開，最後再疊加。

我想，看圖會比文字更容易理解。圖2.29（a）是 **2-13** 也練習過的電路[4]。請求出這種複雜電路中，通過 18 Ω 電阻的電流 I_a〔A〕！這個電路有兩個定電壓，如（b）與（c）所示，定電壓可以分解成單一電路，這樣就能輕易計算出（b）與（c）電路中的 I_1〔A〕與 I_2〔A〕。最後

$$I_a = I_b + I_c$$

即可計算出電流 I_a〔A〕

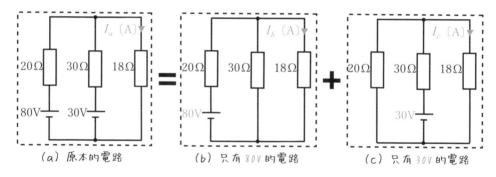

（a）原本的電路　＝　（b）只有 80V 的電路　＋　（c）只有 30V 的電路

圖 2.29：利用疊加原理計算前面的範例

接下來，先計算出 I_1〔A〕與 I_2〔A〕。圖2.29 的（b）與（c）電路可以重新畫成圖 2.30。變成純粹串聯電阻的情況後，就能輕易計算出 I_b〔A〕與 I_c〔A〕。

---

[4] 相同電路使用多次，不是為了省麻煩，而是有學習考量。

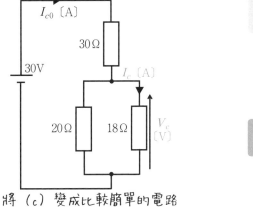

將（b）變成比較簡單的電路　　　　將（c）變成比較簡單的電路

圖 2.30：這是簡化圖 2.29（b）與（c）的電路

請求出 I_b〔A〕。整個合成電阻是，18 Ω 與 30 Ω 的電阻並聯，還有與 20 Ω 電阻串聯後的結果，因此

$$20\ \Omega\ +\ \frac{30\times 18}{30+18}\ \Omega\ =\ \frac{250}{8}\ \Omega$$

從這個算式可以推算出，通過電源的電流 I_{b0}〔A〕是

$$I_{b0}=\frac{80}{250/8}\ \mathrm{A}=\frac{64}{25}\ \mathrm{A}$$

由此可知，加上 30 Ω 與 18 Ω 的電壓 V_b〔V〕是

$$V_b=I_{b0}\ 〔30\ \Omega\ 與\ 18\ \Omega\ 並聯的合成電阻〕=\frac{64}{25}\times\frac{30\times 18}{30+18}=\frac{144}{5}\ \mathrm{V}$$

因此，通過 18 Ω 電阻的電流 I_b〔A〕是

$$I_b=\frac{V_b}{18\ \Omega}=\frac{144/5}{18}\ \mathrm{A}=\frac{8}{5}\ \mathrm{A}$$

I_c〔A〕也可以利用相同方式計算出來，請實際動手試算看看。答案是 $I_c=\dfrac{2}{5}\ \mathrm{A}$。

最後，求出的電流 I_a〔A〕是疊加（b）與（c）的電路，變成

$$I_a=I_b+I_c=\frac{8}{5}\ \mathrm{A}+\frac{2}{5}\ \mathrm{A}=2\ \mathrm{A}$$

分析複雜電路（正確來說，應該稱為電路網）時，有許多方便的方法，包括戴維寧定理、諾頓定理、克希荷夫定律、疊加原理等。請多練習解題，把這些方法變成個人的武器。

2-16 ▶ 電阻、電阻率、導電率

前面已經出現過電阻這個名詞,而這個單元的重點將著重在物質的形狀、種類如何決定電阻值。

> ❓▶【電阻】
>
> **電流不易通過細長形狀的物質。**

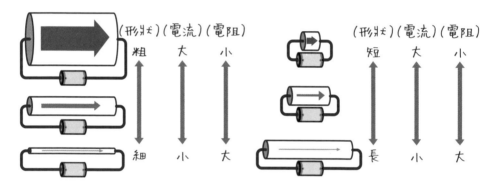

圖 2.31:**細、長的物質不利電流通過**

圖 2.31 是在大小不一的圓筒狀物質中,加上電壓通過電流的情形。左圖改變了物質的粗細,和水管一樣,管子愈粗,電愈容易通過。也就是說,物質愈細,亦即截面積愈小,電阻愈大。右圖改變了物質的長短,長度愈長,電子移動的距離增加,因此電阻愈大。

接下來,將按照物質的形狀,以算式來表示電阻。物質的長度是 L〔m〕、截面積 S〔m^2〕、電阻 R〔Ω〕。截面積愈小,電阻愈大,R〔Ω〕與 S〔m^2〕成反比。長度愈長,電阻愈大,R〔Ω〕與 L〔m〕成正比。因此,可以導出以下算式

$$R = \rho \frac{L}{S}$$

比例常數 ρ〔$\Omega \cdot m$〕稱作電阻率。表 2.2 列出了各種金屬的電阻率。

表 2.2：**各種金屬的電阻率（在 0℃ 的數值）**

金屬	電阻率〔$\Omega \cdot m$〕
金	2.05×10^{-8}
銀	1.47×10^{-8}
銅	1.55×10^{-8}
純鐵	8.9×10^{-8}
鋁	2.5×10^{-8}
水銀	94.1×10^{-8}
鎳鉻合金	107.3×10^{-8}

▶【電阻率】

與形狀大小無關，這是表示物質本身導電難度的物理量。

電阻率不受物質的大小或形狀影響，是物質原本擁有的特性。因此，電阻率可以用來評估物質是否難以導電。

除了代表導電難度的電阻率之外，利用表示容易導電的導電率，也能顯示物質的特性。導電率 σ〔S/m〕（Siemens per Meter）與電阻率互為倒數。

$$\sigma = \frac{1}{\rho}$$

▶【導電率】

與形狀大小無關，這是表示物質本身容易導電的物理量。

● 例　粗細為 $8mm^2$、長度是 $1m$ 的銅線，請計算出電阻是多少？

答　$S = 8 \times 10^{-6} m^2$、$L = 1\ m$、從表 2.2 可以得知、$\rho = 1.55 \times 10^{-8}\ \Omega \cdot m$

所以

$R = \rho \dfrac{L}{S} = 1.55 \times 10^{-8} \times \dfrac{1}{8 \times 10^{-6}}\ \Omega$

$= 0.194 \times 10^{-2}\ \Omega = 1.94\ m\Omega$

問 2-24　粗細為 $8mm^2$、長度是 $1m$ 的鎳鉻合金線，請計算出電阻是多少？

解答請見 P.192

2-17 ▶ 電流的發熱作用、 電力、電力量

❓ ▶【電流發熱】

電流通過電阻時會發熱。

以下要說明，為什麼會出現這種情況。如圖 2.32 所示，電子受到電壓 V〔V〕的影響，由左往右移動時，會與導體中比較重的離子碰撞，因而產生電阻，這裡失去的能量會轉化成熱。換句話說，電量變成了熱能。順帶一提，消耗的電能與轉換後的熱能相等 [5]。這就是焦耳定律（Joule's Laws），此種熱能稱作焦耳熱。

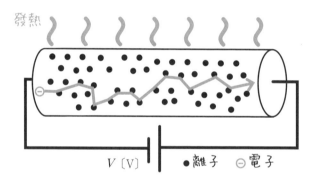

發熱

V〔V〕　　●離子　⊖電子

圖 2.32：因電流產生發熱與電阻

接下來，要導出加上電壓，讓電子移動時的能量，也就是電流產生的熱能。電的能量單位是焦耳。讓 1C 的電荷在有著 1V 電位差的兩點之間移動，所產生的能量是 1J。讓 Q〔C〕的電荷在 V〔V〕的電壓之間移動的能量 W〔J〕是

$$W = VQ$$

---

[5] 以專業的說法來解釋，即為「電能與熱能之間，存在能量守恆定律」。焦耳定律就是狹義的能量守恆定律。

接下來，以電荷 Q〔C〕與電流 I〔A〕來表示電能（在電路中，用電流顯示比較清楚）。如 **1-3** 說明過，t 秒之間，移動電荷 Q〔C〕時，通過的電流是 $I = \dfrac{Q}{t}$。變形成 $Q = It$ 之後，可以導出

$$W = VQ = VIt$$

假設發熱的電阻值為 R〔Ω〕，根據歐姆定律，也可以顯示成

$$W = VIt = IR \ \ It = I^2Rt（使用 \ V = IR）$$

$$W = VIt = V\frac{V}{R}t = \frac{V^2}{R}t \ （使用 \ I = \frac{V}{R}）$$

另外，每 1 秒消耗幾 J 的電？稱作電力，單位是瓦（W）。電力 P〔W〕是

$$P = \frac{W}{t} = VI = I^2R = \frac{V^2}{R}$$

為了清楚表示能量 W 是「電路消耗的能量」，使用瓦秒（Ws）為單位，並且稱作電力量。或者也可以使用瓦時（Wh）為單位，來代表 1 小時消耗的電力量（便於顯示較大的電力量）。換句話說，就是

$$1 \, \text{Ws} = 1 \, \text{J} \, \text{、} \, 1 \, \text{Wh} = 3600 \, \text{Ws}$$

● **例**　3A 的電流通過 8Ω 的電阻，請計算出 10 分鐘產生的電力及電力量。

> **答**　電力是 $P = I^2R = 3^2 \times 8 \, \text{W} = 72 \, \text{W}$
>
> 電量是 10 分 $= 600$ 秒
>
> 所以 $W = Pt = 72 \times 600 \, \text{Ws} = 43200 \, \text{Ws} = 12 \, \text{Wh}$

問 2-25　在 8 Ω 的電阻加上 12V 的電壓，經過 3 秒鐘，請計算出（1）通過多少電流、（2）消耗的電力、（3）電力量。

解答請見 P.193

2-18 ▶ 最大輸出電力

這個單元比較困難，如果覺得不需要，可以跳過沒關係。

> ❓ ▶【最大輸出電力】
>
> **電池可以供給負荷最大電力是在，內部電阻與負荷電阻的數值相同時。**

到目前一直把電力視為「消耗品」。不過這個單元要以「供給」的角度來思考電力。

燈泡、冰箱、電鍋等消耗電力的物品稱作負荷，具有這種負荷的電阻稱為負荷電阻。接下來，請思考圖 2.33 中，電池（電動勢 E〔V〕、內部電阻 r〔Ω〕）與負荷電阻 R〔Ω〕相連的狀況。利用負荷電阻 R〔Ω〕來瞭解，當消耗電力 $P = I^2R$ 為最大時，R〔Ω〕會如何。

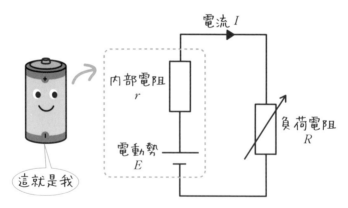

圖 2.33：電池與負荷相連接

首先，根據歐姆定律 $I = \dfrac{E}{R + r}$ 所以會變成

$$P = I^2R = \left(\frac{E}{R + r}\right)^2 R$$

展開括弧內的部分，變成

$$P = \frac{E^2 R}{R^2 + 2Rr + r^2}$$

分母與分子都有 R，看起來很複雜，所以用 R 除以分母、分子，讓 R 集中在分母。

$$P = \frac{E^2 R/R}{(R^2 + 2Rr + r^2)/R} = \frac{E^2}{\frac{R^2}{R} + \frac{2Rr}{R} + \frac{r^2}{R}} = \frac{E^2}{R + 2r + \frac{r^2}{R}}$$

因此，分母的 R 只剩下算式中的有色部分。

$$P = \frac{E^2}{R + \frac{r^2}{R} + 2r}$$

當 $R + \dfrac{r^2}{R}$ 為最小時，P 為最大 [6]。因此，可以使用下列的關係式 [7]。

$$a + b \geq 2\sqrt{ab} \quad （等號成立為 $a = b$）$$

當 $a = R$、$b = \dfrac{r^2}{R}$ 會變成

$$R + \frac{r^2}{R} \geq 2\sqrt{R \cdot \frac{r^2}{R}} = 2r$$

等號成立時，由於 $R = \dfrac{r^2}{R}$，所以 $R = r$。此時，電力 P 為最大值。

$$P_{\max} = \frac{E^2}{r + \frac{r^2}{r} + 2r} = \frac{E^2}{r + r + 2r} = \frac{E^2}{4r}$$

● 例　請計算出內部電阻 4Ω，電動勢 12V 的電池可以供給的最大電力。

答　$P_{\max} = \dfrac{E^2}{4r} = \dfrac{12^2}{4 \times 4} \text{ W} = 9 \text{ W}$

---

[6]　除法的除數愈小，答案愈大。

[7]　「相加平均≧相乘平均」的關係是將 $\dfrac{a+b}{2} \geq \sqrt{ab}$ 稍微變化後的結果。

第 2 章　練習題

【1】假設有 8 Ω 與 16 Ω 的電阻，加上相同電壓時，哪個電阻通過的電流比較多？若加上 8V 的電壓，請分別計算出通過各個電阻的電流

【2】並聯兩個相同大小的電阻 R〔Ω〕，請計算出合成電阻。

【3】假設有多個 10k Ω 的電阻，若要產生 15k Ω 的電阻，應該怎麼做？

【4】請分別使用
　　(1)「克希荷夫定律」
　　(2)「疊加原理」
　　以這 2 種方法求出右邊電路圖中的電流
　　I_1〔A〕、I_2〔A〕、I_3〔A〕。

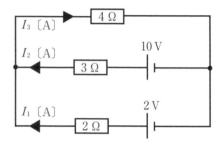

【5】有一顆 100V 消耗 60W 的燈泡，如果接上 80V，消耗電力會是多少？

【6】內部電阻 2 Ω、電動勢 8V 的電池可以輸出的最大電流與最大電力是多少？

　　提示　當負荷電阻的值為零，電流最大。

解答請見 P.193~P.198

COLUMN　歐姆與牛

電阻 R 的單位是以德國物理學家歐姆（Ohm）的名字來命名，使用的符號是 Ω。電阻代表電流通過的難度，而表示電流容易通過的是導電（Conductance）G，$G = \dfrac{1}{R}$。過去，這個單位是將 "Ohm" 反過來唸，稱作 "Mho"（Mho 的發音類似哞），將Ω顛倒之後，寫成℧。現在則以 S（Siemens）為單位。

電磁學

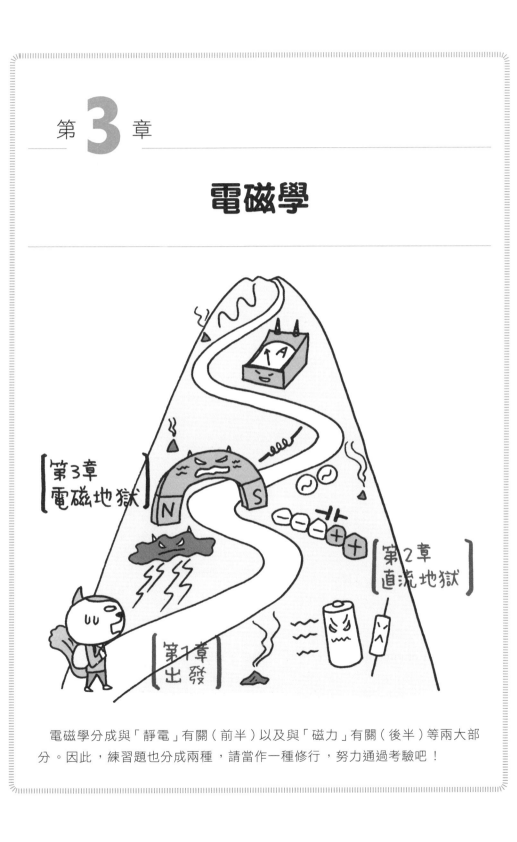

電磁學分成與「靜電」有關（前半）以及與「磁力」有關（後半）等兩大部分。因此，練習題也分成兩種，請當作一種修行，努力通過考驗吧！

3-1 ▶ 電荷、靜電感應、極化

　　儘管電荷已經在 **1-1** 出現過，但是這個單元要進一步仔細研究。因此，先複習以下內容吧。

> **❓ ▶【複習：電荷】**
>
> **帶正電或負電的粒子稱為**電荷。

　　為什麼會產生電荷？原本正電與負電的數量相等，呈中性狀態。可是用墊板摩擦頭髮，會使正電與負電分離。

　　以下先概略說明這種電荷引起的現象。

> **❓ ▶【靜電感應(Electrostatic Induction)】**
>
> **電荷靠近導體時，會出現帶有相反符號的電荷。**

表 3.1：**靜電感應的結構(負電荷靠近時)**

導體中含有大量自由電子⊖，離子⊕比較重，幾乎不會移動。整體而言，正電與負電相消，呈現中性狀態。	導體 (有大量 自由電子)
左邊有個帶著負電荷⊖的物質靠近，負電荷與自由電子相斥，因此自由電子往右移動。	帶有負電荷的物體 快逃啊~
移動完畢。	
左邊是沒有自由電子的正電，右邊是集中自由電子的負電。	出現正電 相反方向是負電

換句話說，正電荷靠近時，會吸引負電荷；負電荷靠近時，會吸引正電荷。這種現象稱作靜電感應，由擁有大量自由電子的導體所引起。表 3.1 說明了靜電感應發生的結構。該圖表介紹的是負電荷接近時的情況；相對地，當正電荷靠近時，會出現負電荷。

? ▶【極化】

電荷靠近時，會出現相反電荷的絕緣體，稱作介電質**，這種現象為**極化**。**

即使不是導體，電荷接近時，也會出現相反符號的電荷。這種現象稱作極化，能表現顯著極化現象的絕緣體稱作介電質。引起極化現象的結構，請見表 3.2 的說明。

表 3.2：**極化的結構**

沒有自由電子的絕緣體，稱作介電質，帶正電荷的原子核⊕強烈束縛住電子⊖，使得電子⊖無法往遠處移動。	
於是，由左右兩側夾住正負電荷，電子只能略微往左移動。如此一來，正中央的正負電荷相鄰，只有兩端出現多餘的電荷。	 正負電荷相鄰 兩端不相鄰
正中央的電荷相鄰，變成中性，兩端出現多餘的電荷。	

問 3-1 靜電感應與極化的差別是什麼？

解答請見 P.199

3-2 ▶ 庫倫定律

在 **3-1** 已經說明過許多正負電荷相吸、相斥的內容,因此以下要詳細介紹電荷之間的作用力。

電荷的性質有點類似男女之間的戀愛。戀愛是同性相斥,異性相吸[1]。在電的世界中,沒有例外,同符號的電荷相斥,異符號的電荷相吸。

電荷的相斥與相吸的強度,也與男女戀愛雷同。如果男女雙方彼此不相愛,就談不成戀愛。圖 3.1 把♂的喜歡程度比喻為 Q_1〔C〕,♀的喜歡程度比喻為 Q_2〔C〕,兩者之間的吸引力會隨著 $Q_1 Q_2$ 相乘而變大。當 Q_1〔C〕或 Q_2〔C〕任何一方為零[2],吸引力就會變成零。

接下來,討論一下戀愛的距離吧!人類的世界無法一概而論,可是在電的世界裡,遠距離戀愛可是非常嚴苛的。兩者的吸引力會隨著距離拉遠而降低,正確來說,$Q_1 Q_2$ 除以距離,還算差強人意,但是若要除以距離的二次方這麼遙遠,吸引力當然會急速衰退[3]。

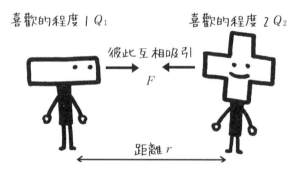

圖 3.1:電荷的吸引力與戀愛的吸引力

---

[1] 人類的世界無法一概而論,也有許多不同的狀況。

[2] 人類的世界稱作「單戀」。

[3] 這稱作反平方定律(inverse-square law),由亨利‧卡文迪西(Henry Cavendish)提出。

以上是以戀愛説明電荷的作用力，這種理論稱作庫倫定律，內容整理如下。

▶【庫倫定律（意義）】

2 個電荷的作用力是，電荷愈大愈強，兩者之間的距離愈遠愈小。詳細內容是：電荷相乘，除以距離的平方。

以公式表示庫倫定律，可以計算出電荷的作用力。順帶一提，作用力的單位是 N（牛頓）。1N 大約是兩個 S 尺寸的雞蛋重力[*4]。

▶【庫倫定律（公式）】

如圖 3.2 所示，電荷 Q_1〔C〕與 Q_2〔C〕之間的距離是 r〔m〕，作用在這兩個電荷的作用力 F〔N〕，可以用以下公式計算。

$$F = k \frac{Q_1 Q_2}{r^2} \qquad \left(k = \frac{1}{4\pi\varepsilon_0} = 9.0\times10^9 \right)^{*5}$$

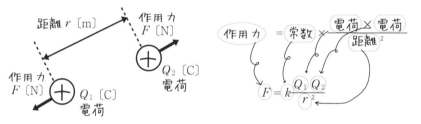

圖 3.2：對兩個電荷的作用力（庫倫定律）

● 例　0.1C 與 0.4C 的電荷距離是 2cm，請計算出作用力是多少？

答　因為 2 cm = 0.02 m、$F = k \dfrac{Q_1 Q_2}{r^2} = 9.0\times10^9\times\dfrac{0.1\times0.4}{0.02^2}$ N
$= 9\times10^{11}$ N（作用力非常強烈⋯）

問 3-2　當 2 個電子距離 100m 時，請計算出作用力是多少？

解答請見 P.199

---

*4　約 98g 的重力。
*5　比例常數 k 是使用真空的電容率 $\varepsilon_0 = 8.85\times10^{-12}$ F/m，所以 $k = \dfrac{1}{4\pi\varepsilon_0}$。可是，這個比例常數是怎麼來的呢？內容有點困難，因此本書省略。

3-3 ▶ 何謂電場

? ▶【電場】

「電」荷可以感覺到作用力的「場所」，稱作電場。

　　對電荷的作用力是指，複數（兩個以上）的電荷彼此相斥或相吸……，但是要完全掌握對全部電荷的作用力，非常麻煩，因此在電磁學中，經常出現「只要知道一個電荷的作用力就可以了」的説法。

　　於是，衍生出電場這個物理量。顧名思義，這是「電」荷可以感覺到作用力的「場所」。該如何導入電場這種東西呢？圖 3.3 以最簡單的兩個電荷當作例子來做説明。看起來是不是有點像天氣圖？

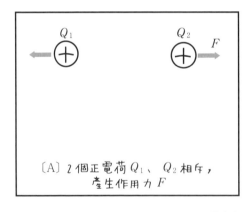
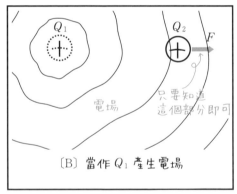

圖 3.3：**電荷的作用力 F 的兩種解讀方法**

　　在圖〔A〕當中，用兩個箭頭表示兩個電荷的作用力。但是，還有另外一種解讀方法是，如圖〔B〕所示，假設 Q_1 產生了電場，也就是製造出對電荷施加作用力的空間。由於 Q_2 位於 Q_1 產生的電場之中，受到該電場的影響，而產生作用力[6]。

---

[6] 順帶一提，如果想瞭解對 Q_1 的作用力，可以當作是 Q_2 產生電場，受到該電場的影響，對 Q_1 施加作用力。

這次要以算式說明電場的意義（這種方法應該比較簡單明瞭）。圖 3.3 有兩個電荷，距離 r〔m〕。根據庫倫定律，對電荷 Q_2〔C〕的作用力，可以顯示為

$$F = \underbrace{k \frac{Q_1 Q_2}{r^2}}_{\text{這裡當作 } E} = EQ_2$$

$$E = k \frac{Q_1}{r^2}$$

這裡的 E 就稱作「電場」。$E = k \dfrac{Q_1}{r^2}$ 是代表 Q_1〔C〕的電荷在距離 r〔m〕的場所創造的電場[*7]。另外，電場 E 的單位是 V/m（volt per meter）。

這裡還有另一個重點，電場除了「強度」之外，也有「方向」。我們用箭頭來代表這兩種訊息。箭頭的長度為「強度」，箭頭的指向為「方向」。如圖 3.4 所示，正電荷是施加與電場 E〔V/m〕相同方向的力量，負電荷是施加相反方向的力量。另外，正電荷是放射狀往外建立電場，負電荷是放射狀往內建立電場。這樣就可以清楚說明，相同符號的電荷彼此相斥，不同符號的電荷彼此相吸。

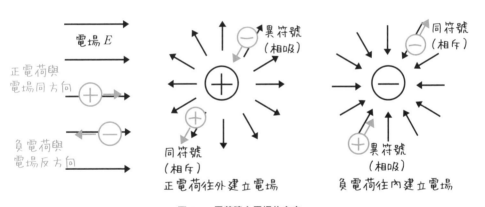

圖 3.4：電荷建立電場的方向

▶【電場是什麼】

電場是具有大小及方向的物理量。

[*7] 請注意最後的公式 $F = EQ_2$。電場 E 的量是根據 Q_1 來建立。即使不曉得 Q_1 帶有多少電荷，距離多遠，只要知道電場的量，就可以得知 Q_2 的作用力。$F = EQ_2$ 就是在說明這個意義。

3-4 ▶ 電力線與電通量

 ▶【電力線】

用來表示電場，類似地圖的東西。

　　我們的肉眼看不見對電荷的作用力，又該如何表示電場呢？電力線正好可以解決這個問題，也稱作電場線。顧名思義，這是表示對「電」荷施加作用「力」的「線」。如圖 3.5 所示，畫法必須遵守以下三個原則。

　　三個原則 {
① 正電荷出，負電荷入。
② 電力線的接線代表電場的方向。
③ 以電場的值來決定電力線的數量。
}

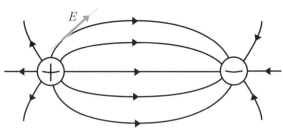

圖 3.5：電力線

① 很簡單對吧！如圖 3.5 所示。

② 當你想知道某個點的電場方向，可以觀察電力線的接線，因為這就是電場的方向。

③ 每 $1m^2$ 的電力線數量與電場值相等。例如，圖 3.6 的 $3V/m$ 電場，每 $1m^2$ 有三條線電力線。

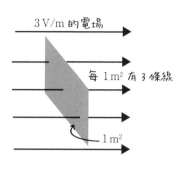

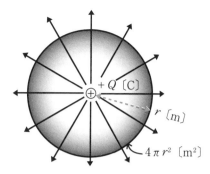

圖 3.6：電力線的數量　　　　　圖 3.7：＋Q〔C〕的電荷產生的電力線數量

接下來，請計算 Q〔C〕的一個電荷會產生多少條電力線。如圖 3.7 所示，從 Q〔C〕電荷延伸出放射狀的電力線，請算出電荷在距離 r〔m〕的場所，有多少條電力線。從中心到 r〔m〕的距離會形成球面，因此表面積是 $4\pi r^2$〔m^2〕。如 **3-2** 說明過，電場是 $E = \dfrac{1}{4\pi\varepsilon_0}\dfrac{Q}{r^2}$，所以全部的電力線數量是，

〔表面積〕×〔每單位面積的電力線數（＝E）〕

$$= 4\pi r^2 \cdot \frac{1}{4\pi\varepsilon_0}\frac{Q}{r^2} = \frac{Q}{\varepsilon_0}$$

要算出電力線實在不簡單呢！

▶【電通量】

比電力線容易計算。

話雖如此，還有更簡單的計算方法，那就是利用電通量（Electric Flux）。1C 電荷到 -1C 電荷之間，有一條電通量通過，非常單純、容易計算。而且，電通量具有單位，與電荷一樣都是使用〔C〕。

以下要說明電力線與電通量之間的關係。Q〔C〕電荷產生的電力線是 N，電通量是 Ψ〔C〕。從 $N = \dfrac{Q}{\varepsilon_0}$ 與 $\Psi = Q$ 可以得知以下關係。

$$\Psi = \varepsilon_0 N$$

簡單來說，電力線數只要乘上 ε_0 倍，就能換算出電通量。

3-5 ▶ 高斯定律與電通量密度

在 **3-4** 的情況是，電荷只有一個，而且是在球面上。但是高斯定律可以將適用範圍擴大，套用在大量電荷或各種曲面上。

圖 3.8 是以五個電荷為例來說明。閉合的曲面（形成包圍電荷的閉合曲面）可以是任何形狀，這個曲面產生的電通量Ψ是，

$$\Psi = Q_1 + Q_2 + Q_3 + Q_4 + Q_5$$

總而言之，計算閉合場所內所有的電荷，等於全部的電通量，這就是高斯定律。

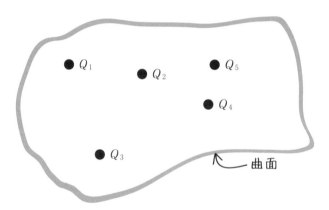

圖 3.8：五個電荷：套用高斯定律

● 例　＋1C、＋3C、−4C 等三個電荷共會產生多少電通量？

答　（＋1C）＋（＋3C）＋（−4C）＝ 0C（換句話說，不會產生電通量）

? ▶【電通量密度】

人口密度的電通量版本

人口密度是代表每單位面積的 [*8] 人口。例如，在面積為 20km² 的小鎮上，有三萬人口，人口密度就是 30000 人 ÷ 20 km² ＝ 1500 人 /km²。

和人口密度一樣，電通量也可以用密度來思考。每 1m² 的電通量稱作電通量密度，單位是〔C/m²〕。

例如，請計算出一個電荷 Q〔C〕在距離 r〔m〕的場所，產生的電通量密度 D〔C/m²〕。距離 r〔m〕的場所會形成半徑 r〔m〕的球面，因此全部的面積是 $4\pi r^2$〔m²〕，全部的電通量是 $\Psi = Q$。根據上述內容，可以導出以下算式。

$$D = \frac{電通量}{面積} = \frac{\Psi}{4\pi r^2} = \frac{Q}{4\pi r^2} = \frac{1}{4\pi}\frac{Q}{r^2}$$

這裡請先回想起，電荷 Q〔C〕在距離 r〔m〕的位置，可以產生的電場是

$$E = \frac{1}{4\pi\varepsilon_0}\frac{Q}{r^2}$$

接著請用 E〔V/m〕來代表 D〔C/m²〕。分母與分子乘上 ε_0，變成

$$D = \frac{1}{4\pi}\frac{Q}{r^2} = \varepsilon_0\frac{1}{4\pi\varepsilon_0}\frac{Q}{r^2} = \varepsilon_0 E$$

$D = \varepsilon_0 E$ 的關係不限於只有一個電荷，任何情況都成立。

? ▶【電通量密度 D 與電場 E 的關係】

$$D = \varepsilon_0 E$$

---

*8　的確，有很多都是以 1km² 來表示。

3-6 ▶ 電位與等電位面

?▶【電位】

代表放置「電」荷的「位」置。

　　電位已經在 **1-4** 出現過，以下將進一步詳細說明。請見圖 3.9，這裡有 + Q〔C〕的正電荷與 + 1 C 的正電荷。這兩個電荷會產生相斥力，但是請確實壓住 + Q〔C〕的電荷，不讓它移動。(1)是用手壓住 + 1 C 的電荷。(2)是當手放開，+ 1 C 的電荷產生作用力而往右移動。到底會移動到哪裡？在有電場的地方，都會產生作用力，因此 + 1 C 的電荷會移動到不受電場影響的場所[*9]。

(1) 把手放開

$+Q$〔C〕
（固定）

1C

(2) 1C的電荷移動到不受電場影響的場所

$+Q$〔C〕
（固定）

1C

図 3.9：**電位的思考方法**

　　電場中的電荷擁有移動到電場為零的能量[*10]。相對來說，這個電荷只能儲存對抗電場，回到原處的能量。

---

*9　理論上會變成無限遠
*10 若要精確分類，這是指位能（Potential Energy）。

換句話說，電場中的電荷帶有位能（Potential Energy），+1 C 帶的位能稱作電位。顧名思義，代表放置「電」荷的「位」置。單位是伏特（Volt），符號是 V。

舉個具體的例子來說明。電荷 Q〔C〕在距離 r〔m〕的場所，電位 ϕ〔V〕是

$$\phi = \frac{1}{4\pi\varepsilon_0}\frac{Q}{r}$$

也就是説，在距離 r〔m〕的場所，其電位會維持相同數值。相同電位的點匯集在一起，成為半徑 r〔m〕的球面。這種由將相同電位連成的曲面，稱作等電位面，如圖 3.10 所示。此原理正好與地形圖的等高線或天氣圖的等壓線一樣[*11]。

如圖 3.10 所示，等電位面與電力線垂直相交。沿著電力線的垂直方向移動電荷時，不會產生任何作用力，所以能量沒有變化。換句話説，電荷是在等電位面上移動。

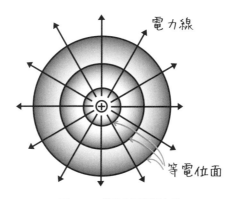

圖 3.10：等電位面與電力線

---

*11 説的深入一點，假設電荷位於三次元的空間內，等電位面是二次元，也就是產生曲面。地形圖或天氣圖是二次元，等高線或等壓線是一次元，所以會變成線。一旦加上「等電位（相同電位處）」或「等高（相同高度處）」等限制條件，產生的空間次元就會遞減。順帶一提，將電荷放在二次元空間裡，成為等電位的地方是一次元，也就是變成線，這就稱作等電位線。

3-7 ▶ 極化與電容率

? ▶【發生極化】
在引起極化的物質（介電質）中，對電荷的作用力變小。

在圖 3.11 的介電質兩端放置正、負電荷，引起極化現象。此時，介電質內部產生的電荷稱作極化電荷，分離之後，夾在兩端的電荷是自由電荷。

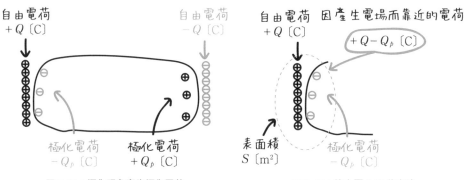

圖 3.11：極化現象產生極化電荷　　　　圖 3.12：放大圖 3.11 的左邊

此時產生的極化電荷會出現與自由電荷相反符號的電荷。因此，形成電場的電荷就會變小。具體來說，圖 3.12 是放大圖 3.11 左邊的狀態，代表 $Q - Q_p$〔C〕的電荷會產生電場。換句話說，左邊的電場如果沒有發生極化，會由 Q〔C〕的電荷形成電場。可是因為發生極化，所以只有 $Q - Q_p$〔C〕的電荷產生電場。如此一來，電場的值變小，所以以介電質內的電荷作用力變弱。

接下來，請將這個現象寫成具體的算式。圖 3.12 以藍色虛線圈出來的部分，其產生的電通量是 Ψ，根據高斯定律（請參考 **3-5**），可以導出以下算式。

$\boxed{A}$　$\Psi = Q - Q_p$

假設電通量密度是 D〔C/m^2〕，藍色虛線的表面積是 S〔m^2〕，則 $\Psi = DS$。另外，自由電荷與極化電荷產生的電場為 E〔V/m〕，會產生 $D = \varepsilon_0 E$ 的關係，因此

　　$\boxed{\text{B}}$　$\Psi = DS = \varepsilon_0 ES$

根據 $\boxed{\text{A}}$ 與 $\boxed{\text{B}}$ 算式，最後可以導出 $\varepsilon_0 ES = Q - Q_p$ 的關係式。當加入的電場愈大，或表面積愈大，極化電荷愈多，因此 Q_p〔C〕與 E〔V/m〕及 S〔m^2〕成正比[*12]。此時，比例常數為 χ，當 $Q_p = \chi ES$，根據 $\varepsilon_0 ES = Q - \chi ES$，可以導出 $(\varepsilon_0 + \chi)ES = Q$。將 $\varepsilon = \varepsilon_0 + \chi$ 代入括弧內，這個關係式會變成 $\varepsilon ES = Q$。假設沒有發生極化，只有自由電荷 Q〔C〕產生電場時，這個關係式會變成 $\varepsilon_0 ES = Q$。換句話說，因為產生極化，所以可以把 Q〔C〕視為 $Q - Q_p$〔C〕，ε_0 也可以當作變成 ε。這種根據物質來決定 ε 的情況，稱作電容率，單位是 F/m（farad per meter）。

　　真空中的電容率 ε_0 是 $8.85 \times 10^{-12} F/m$。順帶一提，玻璃的電容率是 $7.5\,\varepsilon_0$，鹽的電容率是 $5.9\,\varepsilon_0$。介電質中的電容率一定比 ε_0 還大。

　　事實上，到這個單元為止，庫倫定律或計算電場的算式，全都是在真空狀態才成立。介電質中，將真空的電容率 ε_0 換成 ε，一樣可以按照相同形式來使用先前的算式。例如，圖 3.13 的左右兩邊都是庫倫定律，請找出兩者之間的差異，差別在於 ε_0 與 ε 的部分。

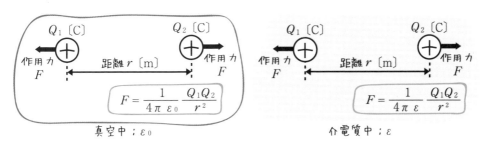

圖 3.13：真空中與介電質中的電容率差異

---

*12　這個過程為線性化，可以適當表示各種物質的介電質特性。此外，χ 稱作電極化率（electric susceptibility）。

3-8 ▶ 何謂電容器

▶【電容器是什麼】

像是能儲存電荷的水槽。

你知道煉乳是什麼嗎？就是淋在剉冰上，濃郁香甜的牛乳或加糖煉乳。Condense 這個字有「凝聚」或「濃縮」之意。然而電容器（condenser）是指，可以儲存電荷的裝置[*13]。最初是使用玻璃瓶當作電容器，因此以前的人對電容器的刻板印象是，將電荷濃縮在一個場所內。

電容器可以儲存的電荷容量稱作靜電容量或簡稱為容量。靜電容量值是如何決定的呢？請見圖 3.14，假設在介電質中，儲存電荷 Q〔C〕的物體，其電位是 V〔V〕，因此靜電容量 C〔F〕是

$$C = \frac{Q}{V}$$

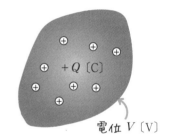

電位 V〔V〕

圖 3.14：**靜電容量**

換句話說，電位 1V 可以儲存幾 C（庫倫）？代表著電容器儲存電荷的能力，單位是 F（Farad）。

以下要介紹平板擁有的靜電容量。表 3.3 中，平板的導體「板 A」擁有儲存電荷的結構。

如圖 3.15 所示，這個電容器與平行放置兩個導體，在真空或介電質狀態下，加上電壓 V〔V〕的結果等價。板子之間的距離為 d〔m〕，板子的面積為 S〔m^2〕，加進物體的電容率為 ε〔F/m〕（真空狀態是 ε_0），這個平行板電容器的靜電容量 C〔F〕是

$$C = \frac{Q}{V} = \varepsilon \frac{S}{d}$$

*13 但是，英文稱這個裝置為 Capacitor。

在板 A 注入 + Q〔C〕電荷，在板 A 的另一側放置板 B，與電位為 0V 的地面接觸。讓板 A 與板 B 之間，維持真空或加入介電質。	$+Q$〔C〕　板 A　　板 B 在板 A 加入 $+Q$〔C〕的電荷 0 V
板 A、板 B 之間，如果是真空狀態，會產生靜電感應；若加入介電質，會出現極化，從地面將負電荷導入板 B。	$+Q$〔C〕　板 A　　板 B $-Q$〔C〕 產生靜電感應或極化，將 $-Q$〔C〕的電荷導入板 B 0 V
板 B 產生 $-Q$〔C〕電荷，受到電荷的影響，板 A 的電位變成 V〔V〕。	$+Q$〔C〕　板 A　　板 B $-Q$〔C〕 V〔V〕 受到電荷的影響，板 A 的電位變成 V〔V〕 0 V

　　換句話說，面積 S〔m²〕愈大，C 愈大；距離 d〔m〕愈大，C〔F〕愈小。這代表，面積愈大，儲存電荷的區域愈廣，板子之間的距離愈大，愈不容易產生靜電感應或極化。

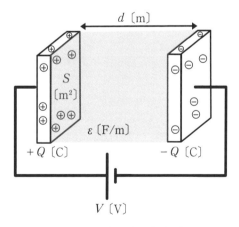

圖 3.15：平行板電容器的靜電容量

3-9 ▶ 電容器的連接方式 (並聯)

> **❓ ▶【電容器並聯】**
>
> **合成靜電容量：與電阻相反**
>
> **電阻** 和分之積　　**電容器** 和

　　若要在電路圖上顯示電容器，會使用圖 3.16 的圖形符號。繪製符號時，重點是要讓兩條平行線一樣長[14]。

　　以下要介紹並聯連接電容器時，會發生何種情況。

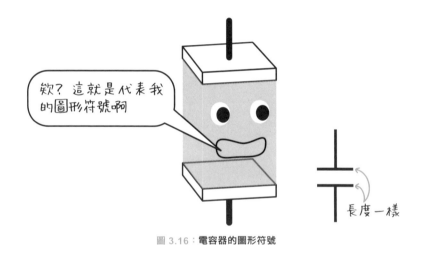

圖 3.16：**電容器的圖形符號**

　　圖 3.17 是兩個電容器 C_1〔F〕與 C_2〔F〕並聯，加入電壓 V〔V〕的電路圖。C_1〔F〕儲存 Q_1〔C〕的電荷，C_2〔F〕儲存 Q_2〔C〕的電荷。

　　電荷 Q_1〔C〕、Q_2〔C〕以及電壓 V〔V〕因為靜電容量 C_1〔F〕、C_2〔F〕，而形成以下的關係。

$$Q_1 = C_1 V 、 Q_2 = C_2 V$$

---

[14]　如果畫成一長一短，就會變成電池。

如圖 3.18 所示，把這兩個電容器以一個電容器 C〔F〕來表示。整體的電荷 Q〔C〕會是

$$Q = Q_1 + Q_2 = C_1 V + C_2 V = (C_1 + C_2) V$$

這裡設定 $C = C_1 + C_2$，會導出以下算式。

$$Q = CV$$

這個算式在圖 3.17 的電容器也成立。換句話説，並聯的兩個電容器 C_1〔F〕與 C_2〔F〕，可以將圖 3.17 換成一個等價的電容器，其靜電容量是 $C = C_1 + C_2$。這種合成之後的靜電容量就稱作合成靜電容量。

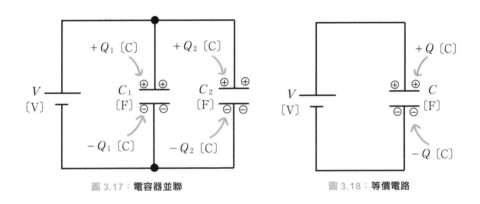

圖 3.17：電容器並聯　　　　圖 3.18：等價電路

▶【 電容器並聯 】

兩個電容器 C_1〔F〕與 C_2〔F〕並聯，其合成靜電容量是
$C = C_1 + C_2$（和）。

● 例　　$1\,\mu F$ 與 $2\,\mu F$ 的電容器並聯時，合成靜電容量是多少？

答　　$1\,\mu F + 2\,\mu F = 3\,\mu F$

問 3-3　10nF 與 30nF 的電容器並聯時，合成靜電容量是多少？

解答請見 P.199

3-10 ▶電容器的連接方式（串聯）

▶【電容器串聯】

合成靜電容量：與電阻相反

| 電阻 | 和　　| 電容器 | 和分之積

以下要介紹串聯電容器時，會產生何種狀況。

圖 3.19 是串聯兩個電容器 C_1〔F〕與 C_2〔F〕，加上電壓 V〔V〕的電路圖，亦即 C_1〔F〕加入 V_1〔V〕的電壓，C_2〔F〕加入 V_2〔V〕的電壓。

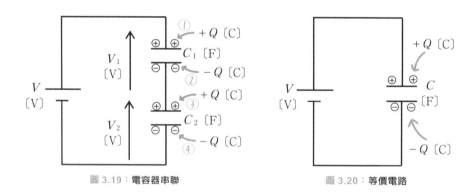

圖 3.19：電容器串聯　　　　　　圖 3.20：等價電路

在電容器 C_1 的正極①儲存 ＋ Q〔C〕的電荷，另一側②引起靜電感應或極化，產生 － Q〔C〕的電荷。因此，③發生 ＋ Q〔C〕的電荷，②③的電荷總和變成零。換句話說，在原本電荷為零的地方，產生了 ± Q〔C〕的電荷。另外，④因為③的電荷 ＋ Q〔C〕引起靜電感應或極化，而產生 － Q〔C〕。

電荷 Q_1〔C〕、Q_2〔C〕與電壓 V〔V〕因為靜電容量 C_1〔F〕、C_2〔F〕形成以下關係。

$$Q = CV_1 \ 、 Q = CV_2$$

如圖 3.20 所示，這兩個電容器以一個電容器 C〔F〕來表示。按照希荷夫電壓定律，可以導出以下算式。

$$V = V_1 + V_2 = \frac{Q}{C_1} + \frac{Q}{C_2} = Q\left(\frac{1}{C_1} + \frac{1}{C_2}\right)$$

由於 $\dfrac{1}{C} = \dfrac{1}{C_1} + \dfrac{1}{C_2}$，因此

$$V = \frac{Q}{C} \quad 也就是 \quad Q = CV$$

這個算式在圖 3.20 的電容器狀態下成立。換句話說，兩個電容器 C_1〔F〕與 C_2〔F〕串聯時，等價合成靜電容量 C 是

$$\frac{1}{C} = \frac{1}{C_1} + \frac{1}{C_2}$$

因此

$$C = \frac{1}{\dfrac{1}{C_1} + \dfrac{1}{C_2}} = \frac{C_1 C_2}{C_1 + C_2}$$

也就是說，和兩個電阻並聯時一樣是「和分之積」。

？ ▶【電容器串聯】

兩個電容器 C_1〔F〕與 C_2〔F〕串聯時，

合成靜電容量是 $\dfrac{C_1 C_2}{C_1 + C_2}$（**和分之積**）。

● 例　　$3\,\mu F$ 與 $6\,\mu F$ 的電容器串聯時，合成靜電容量是多少？

答　　$\dfrac{3 \times 6}{3 + 6} = 2\,\mu F$

問 3-4　$30nF$ 與 $60nF$ 的電容器串聯時，合成靜電容量是多少？

解答請見 P.199

3-11 ▶ 電位能

▶【電容器儲存的能量】

別忘了 $\dfrac{1}{2}$

電容器可以利用儲存電荷的方式來儲存能量，這種能量稱作電位能。以下將利用電容器的容量以及電壓來表示電位能。

如圖 3.21 所示，把開關撥到①，使靜電容量為 C〔F〕的電容器連接 V〔V〕的電源。如此一來，電容器內會發生極化或靜電感應，在正極儲存 $+Q = +CV$ 的電荷，負極儲存 $-Q = -CV$ 的電荷。此時，電容器兩端的電壓是 $V = \dfrac{Q}{C}$。這種在電容器儲存電荷的過程，稱作充電。

充電時，電流會從電池的正極流向電容器，這種電流稱作充電電流。

接下來，如圖 3.22 所示，將開關撥向②，靜電容量為 C〔F〕的電容器連接到電阻。此時，電容器的電壓變成剛才充電的 V〔V〕，這種電壓會讓電荷移動，使電流通過電阻。這種從充電後的電容器流出電流的過程，稱作放電。

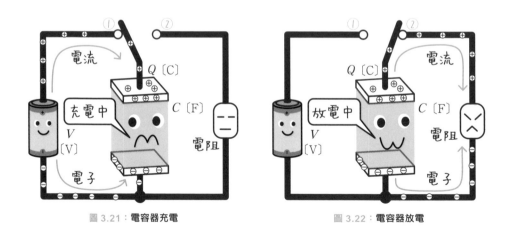

圖 3.21：電容器充電　　　　　　　　圖 3.22：電容器放電

放電時，電流從電容器流向電阻，這種電流稱作放電電流。

接下來，請計算出儲存在電容器內的電位能 W〔J〕。電容器的電壓 V〔V〕與電荷 Q〔C〕之間的關係是 $V = \dfrac{1}{C} Q$，如圖 3.23 所示，電壓會隨著電荷 Q〔C〕的累積量而增減。從圖 3.23 可以得知，電荷從 0C 充電到 Q〔C〕時，電容器的平均電壓是 $\dfrac{V}{2}$〔V〕。

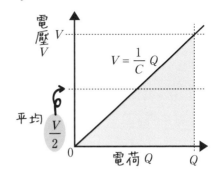

同樣地，電容器的電荷從 Q〔C〕減少成 0C，進行放電時，如圖表所示，V〔V〕出現變化，電容器的平均電壓是 $\dfrac{V}{2}$〔V〕。

圖 3.23：**充電、放電時，電荷 Q 與電壓 V 的關係**

根據 **2-17** 的說明，讓 1C 電荷在 1V 電位差之間移動時的能量為 1J，使 Q〔C〕電荷在 $\dfrac{V}{2}$〔V〕電壓之間移動的能量 W〔J〕是

$$W = \frac{V}{2} Q$$

接下來，要稍微調整這個算式。

代入 $Q = CV$ 所以：$W = \dfrac{V}{2} CV = \dfrac{1}{2} CV^2$

代入 $V = \dfrac{Q}{C}$ 所以：$W = \dfrac{Q/C}{2} Q = \dfrac{1}{2} \dfrac{Q^2}{C}$

這種電位能的算式開頭要加上 $\dfrac{1}{2}$，經常有人忘記這點，請多加注意。

● 例　　1μF 的電容器加上 100V 的電壓時，可以儲存多少能量？

　答　　$W = \dfrac{1}{2} CV^2 = \dfrac{1}{2} \times 1 \times 10^{-6} \times 100^2 \text{J} = 0.5 \times 10^{-2}\text{J} = 5\text{ mJ}$

問3-5　1μF 的電容器加入 1mC 的電荷時，可以儲存多少能量？

解答請見 P.199

第 3 章　練習題　之 1

【1】 請計算在真空狀態，兩個電子距離 2m 時，產生的作用力。

　　 提示 　請參考「**3-2 庫倫定律**」

【2】 請計算玻璃（ $\varepsilon = 7.5\ \varepsilon_0$ ）內，兩個電子距離 2m 時，產生的作用力。

　　 提示 　請參考「**3-7 極化與電容率**」

【3】 請計算在 3V/m 的電場中，放置 0.2C 的電荷時，對這個電荷的作用力。

　　 提示 　請參考「**3-3 何謂電場**」

【4】 從 4C 電荷中會產生多少電通量？

　　 提示 　請參考「**3-3 何謂電場**」

【5】 請計算以下平行板電容器的靜電容量。

　　板子的面積是 $10\ cm^2$，板子的距離是 1mm，板子之間為真空狀態（ $\varepsilon = \varepsilon_0$ ）。

　　 提示 　請參考「**3-8 何謂電容器**」

【6】 請計算兩個 $1\mu F$ 電容器並聯時的合成靜電容量。

【7】 有大量 $1\mu F$ 的電容器，卻需要 $5\mu F$ 的電容器，此時該怎麼做才好？

解答請見 P.199~P.200

請努力作答！

COLUMN **非常相似：重力與庫倫力**

對電荷的作用力稱作庫倫力，庫倫定律說明了什麼是庫倫力。若寫成公式，就是在距離 r〔m〕的位置，有電荷 Q_1〔C〕與 Q_2〔C〕時，作用力 F〔N〕為

$$F = k \frac{Q_1 Q_2}{r^2}$$

（請參考「**3-2 庫倫定律**」）。

事實上，重力與庫倫定律的公式非常類似。例如，太陽的重量是 M_1〔kg〕，地球的重量是 M_2〔kg〕，太陽與地球的距離是 R〔m〕。此時，太陽與地球之間的重力 F_g〔N〕是

$$F_g = G \frac{M_1 M_2}{R^2}$$

與庫倫定律非常相似吧！G 是萬有引力常數，推測為 $G = 6.67 \times 10^{-11} \mathrm{m}^3 \mathrm{kg}^{-1} \mathrm{s}^{-2}$

3-12 ▶ 磁石的性質、發現電磁力

▶【磁石的性質 之一】

同極相斥，異極相吸。

　　讓我們來複習一下磁石的基本性質吧！第一是，性質與電荷非常類似。對電荷的作用力是，相同符號的電荷會產生相斥力，不同符號會產生相吸力。

　　磁石的兩端或兩端擁有的性質稱作磁極。磁極有兩種，包括 N 極與 S 極。如圖 3.24 所示，相同種類的磁極相斥，不同種類的磁極相吸。

N 極與 N 極　　　　　　　　S 極與 S 極

同極性的磁極會產生相斥力

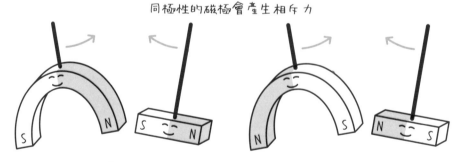

N 極與 S 極　　　　　　　　S 極與 N 極

不同極性的磁極會產生相吸力

圖 3.24：磁石的性質

▶【磁石的性質　之二】

N 極與 S 極成對存在。

　　磁石與電荷的差別在於，電荷分成正電
荷與負電荷，可以個別存在，但是磁石的
N 極與 S 極一定是成對存在。這就是磁石
的第二個基本性質。

　　如圖 3.25 所示，即使將磁石切成一半，
仍像千歲飴[*15]（紅白相間的長條棒棒糖）一
樣，會出現新的 N 極與 S 極。

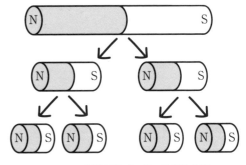

圖 3.25：**將磁石切成一半：千歲飴分裂**

 ▶【電流的能力】

電流可以讓磁石產生磁效應。

　　其實，電流會讓磁石產生磁效應是厄司特
（Oersted）在上課時，偶然發現的。他上課
時，製作了實驗裝置之後，不經意注意到這個
現象。如圖 3.26 所示，通電的導線接近指南
針時，指南針會開始轉動。這種因電流產生的
力稱作電磁力。

　　這個發現非常偉大，因為電流讓磁石產生磁
效應的應用範圍很廣泛。比方說，控制電流

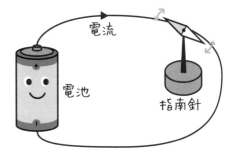

圖 3.26：**厄司特的實驗**

（例如 ON／OFF 開關等）可以操控磁石產生的作用力（相斥力或相吸力）。接下來要
說明電流產生磁石效應的理論。

---

*15　但是千歲飴沒有兩種磁極。

3-13 ▶ 磁力線

> ❓ ▶【磁力線】
>
> N出S入。

　　磁石會產生相吸力或相斥力，可是肉眼看不見。因此，導入能顯示磁石作用力的磁力線[16]。顧名思義，這是代表「磁」石作用「力」的「線」條，又稱作磁感線。磁力線具有三種性質。

三種條件 { ① N 極出，S 極入。　② 相斥時不會互相交錯。　③ 如橡膠般伸縮。

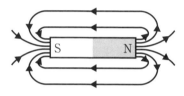

圖 3.27：磁力線

　　①的性質只要記住「N出S入」即可。

　　接著是使用磁力線，說明磁石的性質。如圖 3.28 所示，可以得知相同磁極（N 極與 N 極／S 極與 S 極）會因為②的性質產生相斥力；不同磁極（N 極與 S 極）會因為③的性質產生相吸力。

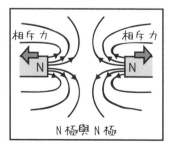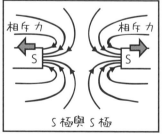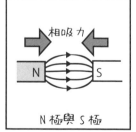

圖 3.28：磁力線可以說明磁石的性

---

*16　利用電力線來思考電荷作用的場所，亦即電場，原理也一樣。

3-12 說明過,電流會產生「磁效應」。這種電流是利用「製造磁力線」的方式來產生「磁效應」。圖 3.29 說明了磁力線的方向。往右旋轉螺絲的方向與磁力線對應,而行進方向與電流方向對應。

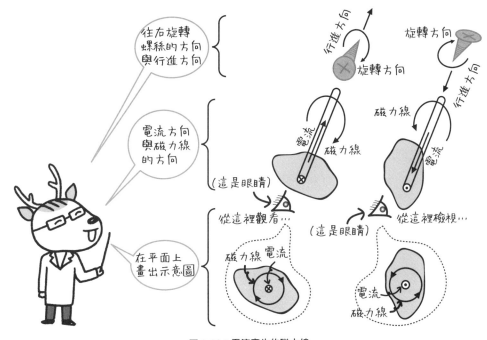

圖 3.29:**電流產生的磁力線**

圖 3.29 的電流與磁力線是用立體方式畫出來的,其實在紙張上,亦即平面上,也有方法可以妥善記錄深度資訊。圖 3.29 的最下面畫了叉叉⊗與圓點⊙符號。叉叉代表從紙張的前面朝向另一邊,圓點是指從紙張的另一邊面對前面。如圖 3.30 所示,叉叉是表現從後面看見箭頭的行進方向;圓點是表示從正面看見箭頭的進行方向。

圖 3.30:**叉叉與圓點**

3-14 ▶ 弗萊明左手定則

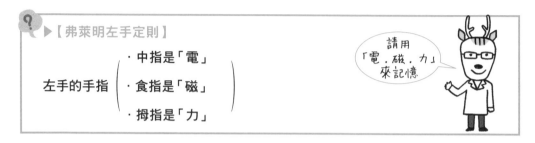

▶【弗萊明左手定則】

左手的手指
- 中指是「電」
- 食指是「磁」
- 拇指是「力」

請用「電‧磁‧力」來記憶

電流會產生磁效應，電流通過有磁力線的場所時，會產生電磁力。弗萊明左手定則能讓我們輕易瞭解電磁力的方向，這是以前弗萊明教授在上課時，為了方便學生瞭解而創造出來的定則。

如圖 3.31 所示，讓我們來研究一下電流通過兩個磁石之間的電磁力方向。磁力線從 N 極出，S 極入，因此方向是由左往右，電流從對面往這裡前進。此時，電磁力往上作用。

弗萊明左手定則就是用左手手指來表示這些訊息。如圖 3.31 所示，請將手指對應的訊息記下來。中指代表「電」流方向，食指是「磁」線方向，拇指是受「力」方向，所以只要按照順序記住「電‧磁‧力」即可。為了避免忘記哪根手指代表何種意義，請先記住，拇指最有「力」[17]。

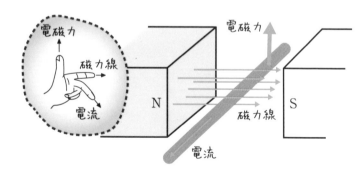

圖 3.31：弗萊明左手定則

---

*17 現實生活中，不見得一定是如此，關於這個部分，作者不做任何保證。

接下來，要從磁力線的性質來說明，為何電磁力的方向會變成弗萊明左手定則。從正面檢視圖 3.31，會變成圖 3.32。左圖是合成磁力線之前的狀態，磁石從 N 極往 S 極產生磁力線。電流是以往右旋轉螺絲的方向產生磁力線。在（A）的附近，磁石產生的磁力線與電流產生的磁力線方向相反。相對來說，在（B）的附近，磁石產生的磁力線與電流產生的磁力線方向一致。

合成磁石產生的磁力線與電流產生的磁力線，如右圖所示。（A）附近因為相反方向的磁力線相互抵銷，所以幾乎沒有磁力線，表示磁力線較「疏」；（B）附近因為相反方向的磁力線彼此增加，有大量的磁力線，所以磁力線較「密」。

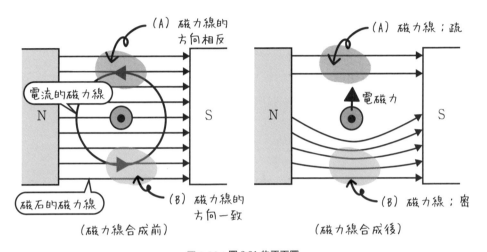

圖 3.32：圖 3.31 的正面圖

磁力線具有彼此相斥的性質，所以電流由（B）往（A）流動時，電線內會產生電磁力。為了讓磁力線的疏密變得平均一致，會對電流產生作用力[18]。

從磁力線的性質可以導出弗萊明左手定則，但是要逐一畫出每條磁力線很麻煩，因此只要記住左手三根手指對應的是「電‧磁‧力」，就會變得很簡單。

---

[18] 與浴缸的熱水沸騰時，熱水會往冷水方向移動，最終讓水溫變成均勻一致的概念相同。

3-15 ▶ 磁通密度

？▶【電流之間會產生電磁力】

請一個一個思考。

電流會產生磁效應。因此，電流通過有磁石的地方（正確來說是有磁力線的地方），會發揮磁效應，而電磁力會作用在電流上。如圖 3.33 所示，兩個電流 I_1〔A〕與 I_2〔A〕相距 r〔m〕時，結果會變成怎樣呢？當然，兩個電流都會產生磁效應，也同樣出現電磁力 f。

若想瞭解哪個方向的電磁力會產生作用，可以和 **3-14** 一樣，利用磁力線的性質導出答案，不過以下要導入新的思考方法。

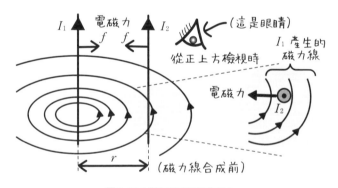

圖 3.33：**對兩個電流的作用力**

若使用 **3-14** 的方法，必須分別畫出 I_1〔A〕與 I_2〔A〕產生的兩條磁力線再合成。但是這裡要思考的是，當 I_2〔A〕受到 I_1〔A〕產生的磁力線影響，而發生電磁力 f[*19] 的情況。

圖 3.33 的右邊是從正上方檢視電流 I_2〔A〕的圖示。另外，這張圖中，沒有畫出 I_2〔A〕產生的磁力線。電流以圓點⊙符號來表示，請試著套用 **3-14** 弗萊明左手定則，即可瞭解電磁力會向左。

[*19]　當然相反亦同，I_1 受到 I_2 產生的磁力線影響，會發生電磁力 f。

請確認圖 3.33 對 I_1〔A〕的作用力是否朝右？

解答請見 P.200

此時，電磁力 f〔N/m〕（每 1m 的電流）與 I_1〔A〕及 I_2〔A〕成正比，與 r〔m〕成反比，當比例常數為 k，可以導出以下公式。

$$f = k\frac{I_1 I_2}{r}$$

比例常數 k 是由以下方法決定。

假設 $I_1 = I_2$、$r = 1\text{m}$，當 $f = 2 \times 10^{-7}$〔N/m〕時，將電流 $I_1 = I_2$ 定義為 1A[20]。因此，$k = 2 \times 10^{-7}$。

▶【磁通密度】

讓電磁力作用的能力。

在思考對電荷的作用力時，我們導入了「電場」這個概念（請參考 **3-3**）。和這個道理一樣，磁場就是電「磁」力產生作用的「場所」。磁場是指，磁力線作用的場所，以磁通密度（Magnetic Flux Density）表示讓電磁力發揮作用的能力。單位是特斯拉（Tesla），以 T 表示。

電流 I_1〔A〕在距離 r〔m〕的位置產生的磁通密度 B_1 是

$$B_1 = k\frac{I_1}{r}$$

因此，電流 I_2〔A〕的作用力 f 是

$$f = B_1 I_2$$

換句話說，不用在意 I_1〔A〕的電流值，只要曉得 I_2〔A〕通過的場所中，磁通密度 B_1〔T〕是多少，就可以瞭解作用在這裡的電磁力數值。

另外，為了讓算式顯得簡單明瞭，代入 $k = \dfrac{\mu_0}{2\pi}$，顯示為

$$B = \mu_0\frac{I}{2\pi r}$$

$\mu_0 = 2\pi k = 4\pi \times 10^{-7}$ 稱作真空的磁導率，單位是〔H/m〕（Henry per Meter）。

---

[20] 這是電流大小的定義。從這個定義中，藉由「電荷 = 電流 × 時間」，也能確定電荷的單位〔C〕。

3-16 ▶ 安培定律

▶【安培定律】

迴路上的磁通密度可以計算出電流。

如 **3-15** 説明過，圖 3.34 這種直線電流 I〔A〕在 r〔m〕的距離，產生的磁通密度 B〔T〕是

$$B = \mu_0 \frac{I}{2\pi r}$$

這種磁通密度在圖 3.34 的圓形上，隨時都維持相同數值。

稍微將這個算式變形，會產生有趣的情況。兩邊乘上 $2\pi r$（半徑 r〔m〕的圓形之圓周），結果會變成

$$B \cdot 2\pi r = \mu_0 I$$

用文字描述這個算式是

〔磁通密度〕×〔磁通密度延長的長度〕＝〔真空磁導率 μ_0〕×〔電流〕

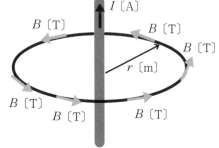

圖 3.34：**直線電流・環狀磁通密度**

知道環狀迴路[*21]上的磁通密度時，代表瞭解該迴路內的電流。以此類推，會發現安培定律（Ampère's Law）的適用範圍更廣泛。

如圖 3.35 所示，電流通過彎曲的路徑，而且不只一條（包括 I_1〔A〕與 I_2〔A〕）。接下來，要調查磁通密度的路徑（一定是形成迴路），沿途的磁通密度是 B_1、B_2、B_3、⋯、B_{54}[*22]。此外，磁通密度延伸的長度是 s_1、s_2、s_3、⋯、s_{54}。

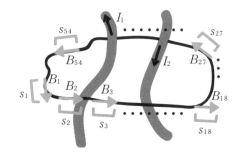

圖 3.35：**一般描繪的電流與磁通密度**

---

*21 　正確來説，稱作「封閉曲線」。

*22 　圖中雖然準備了 54 個，但是不論多少個都沒關係。

套用安培定律，圖 3.35 的狀態描述如下

$$B_1s_1 + B_2s_2 + B_3s_3 + \cdots B_{54}s_{54} = \mu_0 I_1 - \mu_0 I_2$$

以文字說明這個算式 [23]

（〔磁通密度〕×〔磁通密度延長的長度〕）的總和

=（〔真空磁導率 μ_0〕×〔電流〕）的總和

這種關係就稱作安培定律。

以下就利用安培定律，計算出線圈中心產生的磁通密度。如圖 3.36 左邊所示，線圈是將導線捲繞成一圈一圈的狀態。但是計算時，線圈為無限長。圖 3.36 右邊是將線圈切成一半的正側面圖，電流的方向以叉叉 ⊗ 及圓點 ⊙ 表示。

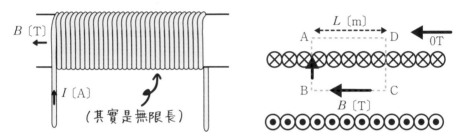

圖 3.36：計算出無限長的線圈之磁通密度

線圈的圈數是每 1m 捲繞 n 次。圖 3.36 準備了長度為 L〔m〕的長方形，請在此迴路上，套用安培定律。線圈外與線圈呈垂直方向（邊 AB 與 CD）的磁通密度是 0T，長方形中有 nL 條的電流 I〔A〕，因此形成

（左邊）= $0 \cdot \overline{AB} + B \cdot \overline{BC} + 0 \cdot \overline{CD} + 0 \cdot \overline{DA}$、（右邊）= $\mu_0 \cdot nLI$

按照 $B \cdot L = \mu_0 nLI$，當 $B = \mu_0 nI$，計算出線圈中心的磁通密度。

---

[23] I_2〔A〕變成負值是因為，圖 3.35 的 I_2〔A〕產生的磁通密度方向與圖 3.35 相反。

3-17 ▶必歐沙伐定律

▶【必歐沙伐定律】

部分電流產生的磁通密度比較密。

到目前為止，已經調查過直線電流或環狀電流產生的磁通密度。也就是說，必須先確定電流的形狀才行。以下要介紹的必歐沙伐定律（Biot-Savart Law）主要在說明，通過電流的某一部分會產生何種磁通密度。

如圖 3.37 所示，彎曲的路徑有 I〔A〕電流通過。這個電流左邊的磁通密度方向為圓點⊙，右邊是朝向叉叉⊗方向。

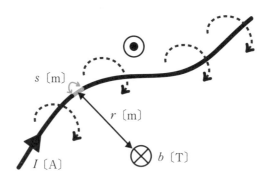

圖 3.37：部分電流產生的磁通密度 b

這裡只針對長度為 s〔m〕的藍色電流部分 [24] 來探討。當這部分的電流產生磁通密度 b〔T〕時，必歐沙伐定律告訴我們以下這件事。

$$b = \frac{\mu_0}{4\pi} \frac{Is}{r^2}$$

---

[24] 如這個部分所示，只取出電流的片段，就稱作電流片。

使用這個定律，當通過和圖 3.38 一樣的環狀電流時，請求出中心產生的磁通密度 B。分割電流通過的環形線圈，在片段加上（1）、（2）、（3）、…的編號。接著如表 3.4 所示，決定磁通密度與片段的長度。

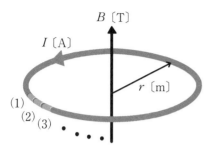

圖 3.38：環狀電流產生的磁通密度 B〔T〕

表 3.4：對應表

編號	磁通密度	片段的長度
（1）	b_1〔T〕	s_1〔m〕
（2）	b_2〔T〕	s_2〔m〕
（3）	b_3〔T〕	s_3〔m〕
⋮	⋮	⋮

根據必歐沙伐定律

$$b_1 = \frac{\mu_0}{4\pi} \frac{Is_1}{r^2} \cdot b_2 = \frac{\mu_0}{4\pi} \frac{Is_2}{r^2} \cdot b_3 = \frac{\mu_0}{4\pi} \frac{Is_3}{r^2} \cdot \cdots$$

中心的磁通密度 B〔T〕是此片段所有磁通密度的總和，因此

$$B = b_1 + b_2 + b_3 + \cdots$$

$$= \frac{\mu_0}{4\pi} \frac{Is_1}{r^2} + \frac{\mu_0}{4\pi} \frac{Is_2}{r^2} + \frac{\mu_0}{4\pi} \frac{Is_3}{r^2} + \cdots$$

$$= \frac{\mu_0}{4\pi} \frac{I}{r^2} (s_1 + s_2 + s_3 + \cdots)$$

這裡的片段長度總和（$s_1 + s_2 + s_3 + \cdots$）與圓周長度一致。換句話說，（$s_1 + s_2 + s_3 + \cdots$）$= 2\pi r$。因此

$$B = \frac{\mu_0}{4\pi} \frac{I}{r^2} \cdot 2\pi r = \mu_0 \frac{I}{2r}$$

問 3-7 請簡單説明安培定律與必歐沙伐定律的差異。

解答請見 P.200

3-18 ▶ 磁通與磁場的強度

代表磁力的量有許多種，其中肉眼看不見的磁力，是在各種研究失敗的過程中發現的產物。這個單元要介紹的是，「磁通」與「磁場強度」。

> ▶【磁通】
>
> **磁通密度乘上面積。**

人口密度乘上面積，可以算出該土地的人口（請參考 **3-5**）。同樣地，磁通密度乘上面積，能計算出磁通。磁通的單位是韋伯（Weber），以 Wb 表示。

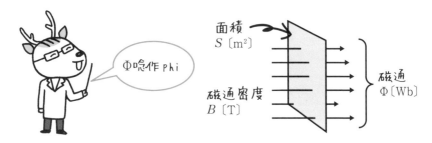

圖 3.39：**磁通與磁通密度**

如圖 3.39 所示，在面積 S〔m^2〕的範圍內，有 B〔T〕的磁通密度時，該區域的磁通 Φ（phi）〔Wb〕為

$$\Phi = BS$$

> ▶【磁通密度與磁場強度】
>
> **磁通密度是由電磁力的強度而定。**
>
> **磁場強度是由電流強度而定。**

先前提過電流的路徑包括（1）直線、（2）線圈、（3）環狀等三種類，以下要研究它們的磁通密度分別是多少（圖 3.40）。

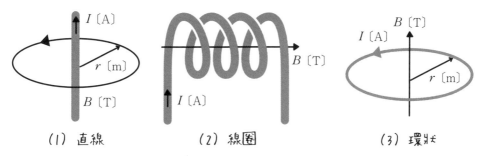

(1) 直線   (2) 線圈   (3) 環狀

圖 3.40：**先前討論過的電流與磁通密度**

若以算式表示，結果如下，從這個表中可以得知，全都與μ_0有關。因此，請代入 $B = \mu_0 H$，導入 H 這個量。由於 $H = \dfrac{B}{\mu_0}$，所以 H 當中的μ_0會消失不見。

表 3.5：**對應表**

形狀	磁通密度	H
（1）直線	$B = \mu_0 \dfrac{I}{2\pi r}$	$H = \dfrac{I}{2\pi r}$
（2）線圈	$B = \mu_0 n I$	$H = n I$
（3）環狀	$B = \mu_0 \dfrac{I}{2r}$	$H = \dfrac{I}{2r}$

仔細研究 H 這個物理量的算式，可得知，只要曉得「電流強度」與「電流的距離」等兩種資訊，就可以求出 H。換句話說，H 是用電流來檢測的磁力量。這個 H 稱作磁場強度或磁場，單位是 Ampere per Meter，顯示為 A/m。

相對而言，如 **3-15** 說明過，磁通密度是

〔磁通密度〕×〔電流〕=〔電磁力〕

換句話說，如果想知道電流通過處的電磁力，只要將該場所的磁通密度與電流相乘，就可以算出結果。因此，磁通密度是以電磁力檢測的磁力量。

3-19 ▶ 磁化、磁性物質、磁化率

? ▶【磁化、磁性物質】

電子轉動因而引起磁化現象。

問題 去準備大量迴紋針，並且在當中加上磁石。

　雖然用了命令的語氣，其實只是希望你能實際動手操作。究竟會出現何種情況呢？為了部分怕麻煩的讀者，下面用圖畫方式將答案呈現出來。我想，實驗結果應該和圖3.41一樣，迴紋針彼此連在一起，因為迴紋針本身已經變成磁石了。這種現象就稱作磁化，接下來要說明為什麼會引起磁化現象，磁化對電磁力會產生何種影響。

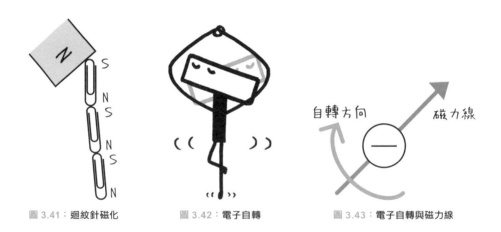

圖 3.41：迴紋針磁化　　　圖 3.42：電子自轉　　　圖 3.43：電子自轉與磁力線

　原本產生磁化現象是因為，物質中的電子發生自轉的緣故。電子自轉好比是電子在做運動，電子運動等同於電流通過，而電流通過代表會產生磁力線。電子流向與電流的方向相反，如圖 3.43 所示，電子的旋轉方向與磁力線有關。

請見圖 3.44，物質中的電子產生了多條磁力線，剛開始顯得亂七八糟（a）。利用外力，強制加入磁力線，就能統一各個磁力線的方向（b）。即使之後移除外面的磁力線，電子產生的磁力線仍會聚集在一起。換句話說，這些物質已經被磁化，變成磁石。在（b）階段讓磁力線變成一致，輕易產生磁化的物質，稱作磁性物質。

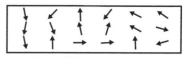

（a）剛開始分散不一致

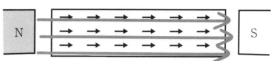

（b）從外施加磁力線，讓磁力線變整齊

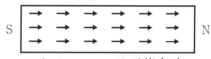

（c）加入磁力線後變整齊

圖 3.44：磁化結構

❓ ▶【磁化率】

引起磁化現象時，電磁力變強。

物質內產生磁化現象時，會使磁力線增加，磁通密度變大。真空狀態通過電流，產生的磁通密度，與磁性物質通過電流產生的磁性密度，兩者的數值不一樣。

因磁化使得磁通密度增加，這種物理量就稱作磁化率，以 μ〔A/m〕表示。因此，磁通密度與磁場強度存在著以下關係。

真空中 $B = \mu_0 H$　　**磁性物質中** $B = \mu H$

簡而言之，在磁性物質中，只要將真空的磁導率 μ_0 改成 μ 即可。磁導率愈大，愈容易產生磁化，磁通密度也愈大。

問 3-8 鐵的磁導率是 $\mu = 200\,\mu_0$，鋁的磁導率是 $\mu = 1.00002\,\mu_0$。請讓鐵或鋁靠近磁石，實際感受兩者的磁導率差異。

解答請見 P.200

3-20 ▶ 磁滯曲線

▶【磁滯曲線】

會發熱，會受到過去的影響。

　　磁性物質是臉皮很厚的傢伙，讓我們試著騷擾它看看。如圖 3.45 所示，剛開始從外側對磁力線往右的磁性物質（a）施加磁力線，並且故意更換磁極。電子自轉方向變一致時，引起摩擦，因而發熱（b）。結果，更改了磁極，磁力線的方向變成往左（c）。接著，施加相反的磁力線（d），回到原本的狀態（a）。此時，也會發熱。

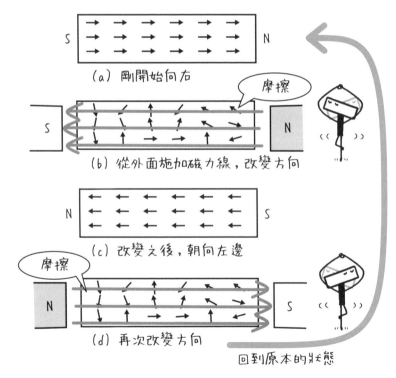

圖 3.45：干擾磁性物質，結果會發熱

像這樣，強制對磁性物質施加磁場，就會引起發熱現象。重複這個動作，會持續發熱。因為產生熱而造成的損失稱作磁滯損失。

接下來，讓我們進一步研究這種現象。從外面強制施加的磁場強度為 H〔A/m〕，產生磁化的磁通密度是 B〔T〕，畫出來的圖示如圖 3.46。

一開始從原點 O 出發，逐漸增加 H〔A/m〕，此時磁通密度也會增加，達到點 a。之後即使逐漸減少 H〔A/m〕，也不會從 a → 0，因為磁通密度一旦增加，就會被保留下來，即便逐漸

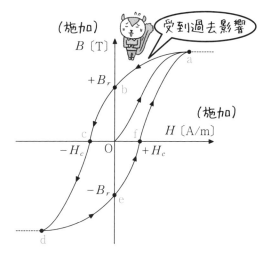

圖 3.46：磁滯曲線、受過去影響

減少，仍會維持比先前還大的數值，原因在於磁通密度會受到過去影響，產生殘餘磁通密度。

此時，當點 b 的 H〔A/m〕歸零時，磁通密度 B_r〔T〕稱作殘留磁化量。接著，逆向施加 H〔A/m〕（變成負值），磁通密度暫時不會歸零。抵達點 c[*25] 之後，磁通密度變成零，此時磁場強度 H_c〔A/m〕稱作保磁力。

從點 c 進一步逆向增加 H〔A/m〕的強度，到達點 d。接下來，由 d → e → f → a 的路徑變化過程和前面一樣。

受到過去的影響，增減 H〔A/m〕時，B〔T〕會在不同路徑形成曲線，請見圖 3.46，這種曲線稱作磁滯曲線（Hysteresis Loop）。另外，磁性物質的性質稱作磁滯曲線特性。磁滯損失與磁滯曲線的面積成正比。

磁性物質是非常麻煩的東西，但是對人類而言，可以為日常生活帶來方便性。像 IH（Induction Heating）這種電磁調理器，就是利用磁滯損失產生的熱能來加熱的。

---

*25　點 c 是 $H = -H_c$，不過只要知道大小即可，不需要正負符號。

3-21 ▶ 磁路

？ ▶【磁路】

與電路幾乎一模一樣，也有歐姆定律。

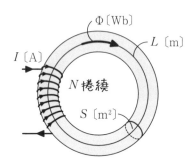

圖 3.47：環狀鐵心：可以傳遞磁通

　　如圖 3.47 所示，環狀長度是 L〔m〕，截面積是 S〔m^2〕，在磁導率 μ〔A/m〕的環狀鐵心中，導入磁力線。這是什麼意思呢？就是捲繞導線，製作出線圈，再讓電流 I〔A〕通過。此時，線圈內側也就是鐵心之中，會發生磁通密度，內部會出現磁通 Φ〔Wb〕。

　　接下來，請研究從外面加上電流 I〔A〕，與鐵心內出現磁通 Φ〔Wb〕，兩者之間的關係。首先，為了得知由外加上的電流與內部的磁通密度 B〔T〕，所以把環狀中心線當作迴路，套用安培定律（請參考 **3-16**）。這個中心線上的磁通密度固定為 B〔T〕，電流 I〔A〕通過這個迴路 N 次，因此

　　　（〔磁通密度〕×〔磁通密度的長度〕）的總和 $= B \cdot L$

　　　（〔磁導率 μ〕×〔電流〕）的總和 $= \mu \cdot NI$

因此 $BL = \mu NI$。磁通 Φ 是

$$\Phi = BS^{*26} = \frac{\mu NI}{L}S$$

---

*26　請參考「**3-18 磁通與磁場的強度**」

稍微調整算式

$$\Phi = \frac{NI}{\dfrac{1}{\mu}\dfrac{L}{S}}$$

在分子代入 $F_m = NI$〔A〕，這稱作磁化力（Magnetizing Force），在分母代入 $R_m = \dfrac{1}{\mu}\dfrac{L}{S}$〔A/Wb〕，這稱作磁阻（Magnetic Resistance）。這個算式會變成

$$\Phi = \frac{F_m}{R_m} \quad \text{也就是} \quad 磁通 = \frac{磁化力}{磁阻}$$

對應到電路中的電流 I〔A〕、電壓 V〔A〕、電阻 R〔Ω〕的歐姆定律

$$I = \frac{V}{R} \quad \text{也就是} \quad 電流 = \frac{電壓}{電阻}$$

因此 $\Phi = \dfrac{F_m}{R_m}$ 的關係稱作磁路歐姆定律。兩者的對應關係請見圖 3.48 及表 3.6。

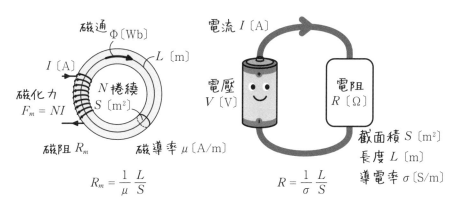

圖 3.48：磁路與電路的對應圖

表 3.6：磁路與電路的對應表

磁路		電路	
磁化力	F_m	電動勢	V
磁通	Φ	電流	I
磁阻	R_m	電阻	R
磁導率	μ	導電率	σ

3-22 ▶ 法拉第定律、楞次定律、弗萊明右手定則

這是法拉第教授的豐功偉業之一。如果沒有這個定律,我們無法過著現在這種文明的生活。因為「做不出發電機」,光靠電池的電力,根本無法產生足以支持現代文明的電能。現今,我們是將水力、石油、原子能等能量轉換成動能,再啟動發電機來製造電力。

3-12介紹過,電流會產生電磁力。那麼電磁力能不能產生電流?頭一個想到這個問題的人,就是法拉第教授,他實在很厲害。

如圖3.49右圖所示,試著讓通過線圈的磁通產生變化。首先,將3條磁通增加成5條,此時電流會通過線圈,這就是發電機的基本原理。

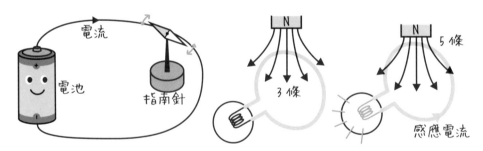

圖3.49:厄斯特(電流→運動)、法拉第(運動→電流)

磁通變化產生的電流稱作感應電流(Induced Current),此時產生的電動勢稱作感應電動勢(Induction Electromotive Force)。法拉第定律是告訴我們感應電動勢的大小。在捲繞 N 次的線圈中,t 秒間 ϕ〔Wb〕磁通發生變化時,產生的感應電動勢 v〔V〕會變成

$$v = N\frac{\phi}{t}$$

▶【**楞次定律**（Lenz's Law）】

　發電時，電流會變成反方向。

　　如圖 3.49 所示，感應電流的方向會往妨礙磁通變化的方向流動。圖 3.49 增加了向下的磁通，所以感應電流會往上流動。

 ▶【**弗萊明右手定則**（Fleming's Right Hand Rule）】

　電流→電磁力是左手，運動→電流是右手。

　　如圖 3.50 所示，在由右往左的磁通中，往上移動電線時，可以用右手的三根手指得知感應電流的方向。拇指代表移動方向、食指是磁力線、中指是感應電流的方向。

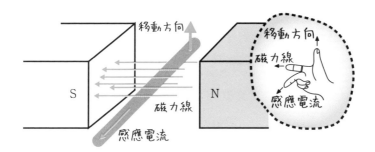

圖 3.50：**弗萊明右手定則**

　　弗萊明左手定則與右手定則很容易混淆。請記得，左手是使用於電流通過，得到電磁力的情況；右手是從運動中得到電流時使用。

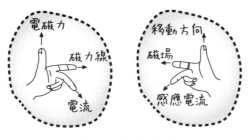

圖 3.51：**左手與右手**

3-23 ▶ 線圈的物理量（自感）

 ▶【自感】

出現大量比較大的磁力線，感應電動勢也愈大。

到目前為止，都直接稱捲繞電線的部分為線圈，以下將清楚說明代表線圈的物理量。

通電的線圈會產生磁通，當線圈內的磁通出現變化，就會出現電流。表示這種狀態的量，亦即線圈的物理量，稱作自感（Self-Inductance），或稱作電感（Inductance），單位是亨利（Henry），代號是 H。

如圖 3.52 所示，電流 I〔A〕通過線圈，發生磁通 Φ〔Wb〕。因為發生磁通，在抵銷電池電壓的方向產生感應電動勢 V〔V〕。與通電產生的電動勢方向相反的感應電動勢，稱作反電動勢，而這種現象稱作自感。

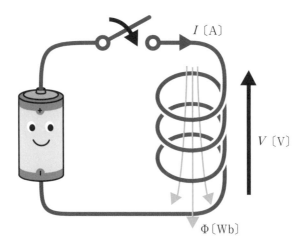

圖 3.52：發生自感的方法

假設 t 秒之間，在線圈通過的電流達到 I〔A〕。此時，

$$V = L \frac{I}{t}$$

將比例常數 L 當作自感。假設線圈的圈數為 N，根據法拉第定律，

$$V = N \frac{\Phi}{t}$$

因此

$$L \frac{I}{t} = N \frac{\Phi}{t} \quad \text{所以 } L \text{ 可以表示為} \quad L = N \frac{\Phi}{I}$$

圈數 N 或電流的磁通變化 $\frac{\Phi}{I}$ 愈大（也就是，小電流可以產生大磁通變化）的線圈，自感 L 愈大。

● **例** 在 100 圈的線圈內，磁通從 0.1mWB 變成 0.2mWb 時，感應電流產生 1A，請計算出這個線圈的自感係數。

答 磁通的變化量是 0.2 mWb − 0.1 mWb = 0.1 mWb，所以

$$L = N \frac{\Phi}{I} = 100 \times \frac{0.1 \times 10^{-3}}{1} \text{ H} = 0.01 \text{ H} = 10 \text{ mH}$$

問 3-9 在一圈的線圈內，磁通從 0.1mWb 變成 0.2mWb 時，感應電流產生 0.1mA。如果想製造 10mH 的線圈，該線圈必須捲繞幾圈？

解答請見 P.201

3-24 ▶ 電磁能

▶【線圈儲存的能量】

別忘了加上 $\frac{1}{2}$ 。

二分之一

這裡的內容和 **3-11** 幾乎一模一樣。線圈儲存的電磁能與電容器儲存的電位能，兩者的形式非常類似。

線圈可以將磁能當作能量儲存起來，這種能量稱作電磁能。以下將利用線圈的自感與電流來表示電磁能。

首先，如圖 3.53 所示，將開關撥到①的位置，在自感 L〔H〕的線圈接上電源 V〔V〕。在 t 秒之間，電流從 $i = 0$A 增加至 $i = I$〔A〕，這就是線圈充電。

接下來，如圖 3.54 所示，將開關撥到②的位置，在自感 L〔H〕的線圈接上電阻。線圈因為自感，而產生反電動勢 V〔V〕，這種電壓會讓電荷往電阻移動，產生電流，這就是線圈放電。

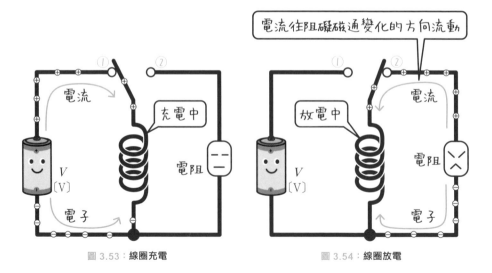

電流往阻礙磁通變化的方向流動

圖 3.53：線圈充電　　　圖 3.54：線圈放電

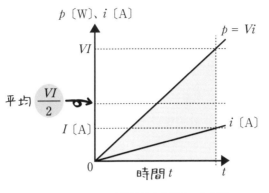

圖 3.55：**充電時的線圈電力與電流 I 的關係**

接下來，請計算此線圈可以儲存多少電磁能 W〔J〕。充電時，儲存的能量與放電時釋放的能量相等，以下要計算的是，充電時的電磁能。如圖 3.55 所示，電流 i〔A〕從 0A 變成 I〔A〕時，花費的時間是 t。此時，線圈儲存了 $p = Vi$〔W〕的電力。從圖表中可以得知，t 秒間平均累積 $P = \dfrac{VI}{2}$〔W〕的電力。

因此，儲存的電磁能是

$$W = Pt = \frac{VI}{2} t \quad {}^{*27}$$

根據法拉第定律，$V = L \dfrac{I}{t}$ 所以

$$W = \left(L \frac{I}{t} \right) \frac{I}{2} t = \frac{1}{2} LI^2 \quad {}^{*28}$$

這個代表電磁能的算式前面有 $\dfrac{1}{2}$，常有人忘記加上去，請特別注意。

● **例** 假設 1mH 的線圈通過 1A 的電流，請問可以儲存多少能量？

答 $W = \dfrac{1}{2} LI^2 = \dfrac{1}{2} \times 1 \times 10^{-3} \times 1^2 \mathrm{J} = 0.5 \times 10^{-3} \mathrm{J} = 0.5\ \mathrm{mJ}$

問 3-10 假設 100mH 的線圈通過 1mA 的電流，請問可以儲存多少能量？

解答請見 P.201

---

*27　請參考「**2-17** 電流的發熱作用、電力、電力量」

*28　與電容器的電位能 $W = \dfrac{1}{2} CV^2$ 非常類似（請參考「**3-11** 電位能」）。

第 3 章　練習題　之 2

【1】請計算出 1A 直線電流在距離 1m 的位置，能產生的磁通密度與磁場強度。

> 提示　請參考「**3-15 磁通密度**」、「**3-16 安培定律**」、「**3-18 磁通與磁場的強度**」。

【2】請計算出半徑 1m 的環狀物體通電時，中心的磁通密度與磁場強度。

> 提示　請參考「**3-17 必歐沙伐定律**」、「**3-18 磁通與磁場的強度**」。

【3】磁通密度與磁場強度的差異？

> 提示　請參考「**3-18 磁通與磁場的強度**」。

【4】弗萊明左手定則與弗萊明右手定則有何差異？

> 提示　請參考「**3-14 弗萊明左手定則**」、「**3-22 法拉第定律、楞次定律、弗萊明右手定則**」。

解答請見 P.201~P.202

請參考提示來回答問題！

⊜ COLUMN　永久磁石是自然物體？或人工物體？

3-19 說明了磁性物質磁化的過程。那麼，永久磁石究竟是什麼呢？所謂的永久磁石是，磁性物質變成磁石，長時間維持磁化的狀態。市售的磁石是使用電磁石，強制發生強烈磁化的結果。

既然如此，自然界有永久磁石嗎？事實上，當雷打在良好的磁性物質上（容易變成磁石的石頭等），雷的電流會產生磁場，使得石頭磁化。以前的人拿著羅盤（指南針）接近這種石頭時，發現指針被吸住，還大吃一驚呢！這與第 1 章提到的琥珀有點類似。

第 **4** 章

交流電路

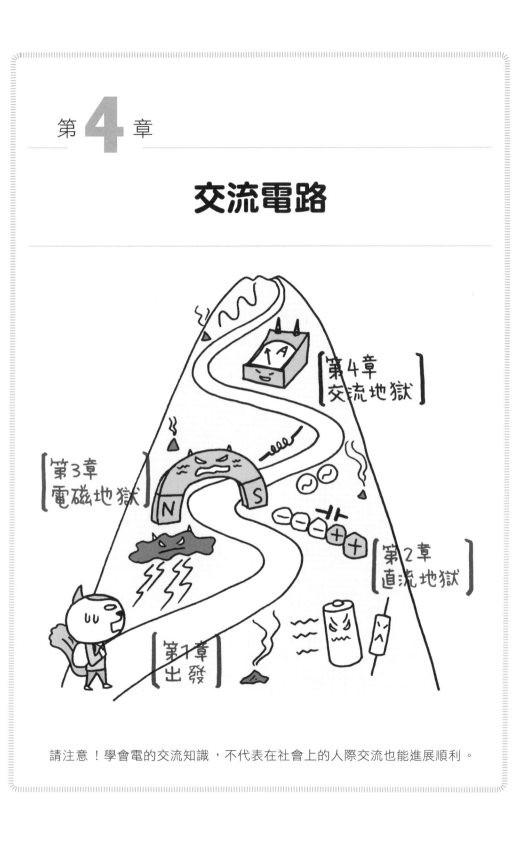

請注意！學會電的交流知識，不代表在社會上的人際交流也能進展順利。

4-1 ▶ 何謂交流

▶【交流】

正負輪流交替。

　　到目前為止，都把電壓或電流視為固定值來處理，即使經過一段間，也不會產生變化。比方說，像電池這種電源，隨時都能保持固定的電壓或電流[*1]。圖 4.1 是讓電池連接電阻，右邊是單獨畫出電壓 V〔V〕與電流 I〔A〕的圖表。如右圖所示，通過的電壓 V〔V〕與電流 I〔A〕，經過一段時間，仍然維持固定值。這種不會隨時間而變化的物理量稱作直流（DC：Direct Current）。另外，不會因為時間而改變的電壓稱作直流電壓，不會因為時間而改變的電流稱作直流電流。

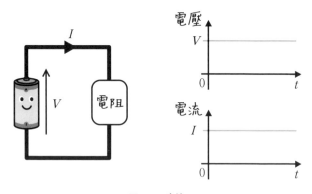

圖 4.1：**直流**

　　接下來要介紹會隨時間變化的物理量。圖 4.2 在電源加上⊝圖的符號，這是代表產生了會隨時間而變化的電壓。當產生這種電壓的電源連接電阻時，通過的電流也會隨著時間而改變。圖 4.2 右邊的圖表顯示了相對於時間 t，電流與電壓的變化。

[*1] 一般以電流數秒來觀察，電池的電壓或電流是固定的。但是，若以一百天的時間來看，電池的電壓會逐漸減少。因此，「不會因為時間而產生變化」這句話裡的時間，請當作是以數秒為間隔。

這種會隨時間變化的物理量，稱作交流（AC：Alternative Current）。另外，隨時間改變的電壓是交流電壓，隨時間改變的電流稱作交流電流。

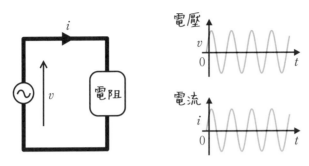

圖 4.2：交流

交流的特色是，電壓或電流的方向，也就是正負會隨著時間而交替變化。如圖 4.3 所示，出現正值（圖表橫線的上方）的時間與出現負值（圖表橫線的下方）的時間交互出現，代表正負「交替」。交流原本是指「『交』換的電『流』」，不過電壓或電流都一樣，這種會隨時間變化的物理量，都稱為交流。

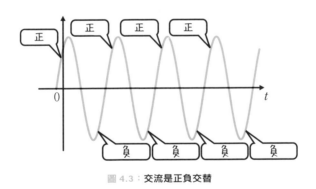

圖 4.3：**交流是正負交替**

直流的電壓或電流以英文的大寫字母表示，而交流是以英文的小寫字母代表，顯示方式如下。

（直流是）直流電流 I〔A〕、直流電壓 V〔V〕

（交流是）交流電流 i〔A〕、交流電壓 v〔V〕

4-2 ▶ 數學補充說明 1：三角比

　　一般常用三角比或三角函數等數學工具來表示交流，而且情況非常普遍，因此這個單元以及下個單元要介紹三角比及三角函數。

> **❓ ▶【三角比】**
>
> **直角三角形 2 個邊的比。**

　　首先，請見圖 4.4 的直角三角形，這裡先介紹「銳角角度（簡稱銳角）θ（theta）」的各邊名稱。最長的邊稱作「斜邊」，銳角 θ 相對的邊是「對邊」，與銳角相鄰的邊稱作「鄰邊」。

　　三角形有 3 個邊，選擇兩邊來對比，可以導出以下 6 種。

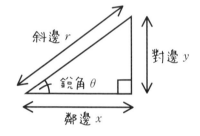

圖 4.4：**直角三角形的斜邊、對邊、鄰邊**

$$\frac{對邊}{斜邊} \quad \frac{鄰邊}{斜邊} \quad \frac{對邊}{鄰邊} \quad \frac{斜邊}{對邊} \quad \frac{斜邊}{鄰邊} \quad \frac{鄰邊}{對邊}$$

假設對邊是 y、鄰邊是 x、斜邊是 r，用英文字母表示為

$$\frac{y}{r} \quad \frac{x}{r} \quad \frac{y}{x} \quad \frac{r}{y} \quad \frac{r}{x} \quad \frac{x}{y}$$

這六種比稱作三角比。一般會利用以下三個英文字母以及代表銳角大小的 θ 來顯示這六種三角比。

$$\sin \theta = \frac{y}{r} \qquad \cos \theta = \frac{x}{r} \qquad \tan \theta = \frac{y}{x}$$

sine 正弦　　　　cosine 餘弦　　　　tangent 正切

$$\csc \theta = \frac{r}{y} \qquad \sec \theta = \frac{r}{x} \qquad \cot \theta = \frac{x}{y}$$

cosecant 餘割　　secant 正割　　　cotangent 餘切

一般算式使用的是斜體（例如：s、i、n 等），但是這種 3 個字的英文字母會使用羅馬體（例如：s、i、n）。因為，如果把三角比的符號改成斜體，sin θ 會變成 $sin\ \theta$，這樣很難與 $s \cdot i \cdot n \cdot \theta$（$s$、$i$、$n$、$\theta$ 相乘）做區別。

一次要記住 6 個三角比並不容易，所以請先記住 sin、cos、tan 等三個函數究竟是哪個邊的比值 [*2]。圖 4.5 列出了其中一種記憶方法，分別沿著直角三角形寫出字母 s、c、t，剛好會通過對應的邊上。

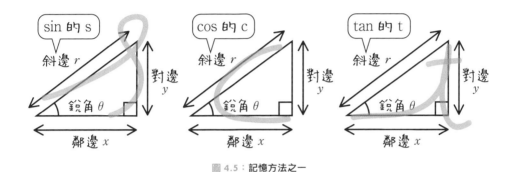

圖 4.5：記憶方法之一

● 例　　sin30° 是多少？

答　　如右圖所示，這是一個角度 30° 的直角三角形，銳角是 30°。假設斜邊為 2（任何值都沒關係），這個直角三角形的三邊關係是對邊：斜邊：鄰邊 $= 1 : 2 : \sqrt{3}$，因此鄰邊 $= \sqrt{3}$、對邊 $= 1$，所以 $\sin \theta = \dfrac{\text{對邊}}{\text{斜邊}} = \dfrac{1}{2}$。

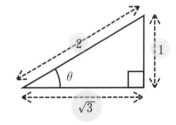

問 4-1　　請計算出 cos30°、tan30°、csc30°、sec30°、cot30°。

解答請見 P.202

---

*2　這樣只要將 csc、sec、cot 視為是 sin、cos、tan 的倒數即可。

4-3 ▶ 數學補充說明 2：三角函數

> ▶【三角函數】
>
> **不管幾度（°）都沒問題。**

　　4-2 介紹了三角比，由於直角三角形的一個角為銳角，所以只能得知介於 0° 到 90° 之間的大小[3]。「不管任何角度，都有配合該角度的三角比數值」基於這個想法，而產生了三角函數。

　　三角比是以直角三角形的邊長來定義，會受到銳角只介於 0° 到 90° 的條件限制。如圖 4.6 所示，不管角度幾度（例如：150°、420° 或 -200° 等），三角函數是以半徑 r 的圓形座標（x，y）來定義。從 x 座標測量到角度 θ，延伸出半徑直線，與圓形相交的點，就是座標（x，y）。

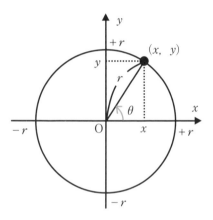

圖 4.6：三角函數的定義

　　對應 **4-2** 說明的三角比，可以導出以下的三角函數。

$$\sin \theta = \frac{y}{r} \qquad \cos \theta = \frac{x}{r} \qquad \tan \theta = \frac{y}{x}$$

$$\csc \theta = \frac{r}{y} \qquad \sec \theta = \frac{r}{x} \qquad \cot \theta = \frac{x}{y}$$

　　看起來與 **4-2** 的算式一樣。當然，因為當 θ 介於 0° 到 90° 之間，三角函數求出來的值與直角三角形的三角比相等，其餘角度只是擴充而已。

　　接下來，請試著利用各種角度都可以套用的三角函數來計算 240° 的數值。

---

[3]　三角形的三邊和是 180°，所以非直角的角度會被限制在 0° 到 90° 之間。

首先，求出圖 4.7 從 x 座標到 240° 的圓上座標。圓形的半徑是 $r = 1$[*4]，請見圖 4.7 的藍色直角三角形。這個角度為 30° 與 60° 的直角三角形，各邊比是 $1：2：\sqrt{3}$，因此可以得知要求出的座標是 $\left(-\dfrac{1}{2}，-\dfrac{\sqrt{3}}{2} \right)$。根據這些資料，能求出六種三角函數。

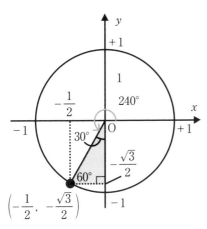

圖 4.7：請求出 240° 的三角函數

$$\sin 240° = \frac{y}{r} = \frac{-\dfrac{\sqrt{3}}{2}}{1} = -\frac{-\sqrt{3}}{2}$$

$$\cos 240° = \frac{x}{r} = \frac{-\dfrac{1}{2}}{1} = -\frac{1}{2}$$

$$\tan 240° = \frac{y}{x} = \frac{-\dfrac{\sqrt{3}}{2}}{-\dfrac{1}{2}} = \sqrt{3}$$

$$\csc 240° = \frac{r}{y} = \frac{1}{-\dfrac{\sqrt{3}}{2}} = -\frac{2}{\sqrt{3}}$$

$$\sec 240° = \frac{r}{x} = \frac{1}{-\dfrac{1}{2}} = -2$$

$$\cot 240° = \frac{x}{y} = \frac{-\dfrac{1}{2}}{-\dfrac{\sqrt{3}}{2}} = \frac{1}{\sqrt{3}}$$

表 4.1 列出了具有代表性的三角函數值，請試著練習算出以下幾個數值。

表 4.1：三角函數的代表值

θ	0°	30°	45°	60°	90°	120°	135°	150°	180°
$\sin \theta$	0	$\dfrac{1}{2}$	$\dfrac{\sqrt{2}}{2}$	$\dfrac{\sqrt{3}}{2}$	1	$\dfrac{\sqrt{3}}{2}$	$\dfrac{\sqrt{2}}{2}$	$\dfrac{1}{2}$	0
$\cos \theta$	1	$\dfrac{\sqrt{3}}{2}$	$\dfrac{\sqrt{2}}{2}$	$\dfrac{1}{2}$	0	$-\dfrac{1}{2}$	$-\dfrac{\sqrt{2}}{2}$	$-\dfrac{\sqrt{3}}{2}$	-1
$\tan \theta$	0	$\dfrac{1}{\sqrt{3}}$	1	$\sqrt{3}$	無	$-\sqrt{3}$	-1	$-\dfrac{1}{\sqrt{3}}$	0

[*4] 任何值都沒關係，這裡設定成比較簡單的 1，也可以將半徑設定為 2。

4-4 ▶ 正弦波交流

 ▶【正正弦波交流】

特色是旋轉。

　旋轉是非常獨特的運動，會一直持續動作。人類發明車論，使運輸蓬勃發展，就是拜這點所賜。這種旋轉運動也運用在發電上。以下要說明旋轉動運如何產生交流。

　如圖 4.8 所示，線圈連接電阻，在左邊放置加上軸心的磁石使其旋轉。受到旋轉運動的影響，使得進入線圈的磁通會隨時產生變化。**3-22** 介紹過，當線圈內的磁通出現變化時，電流會通過線圈。另外，當電流通過電阻，會在線圈兩端產生感應電動勢。

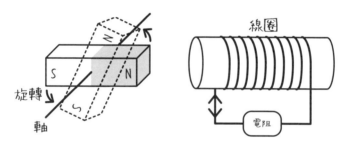

圖 4.8：接近線圈，使磁石轉動時

　如圖 4.9 所示，因為線圈的旋轉運動，產生了隨著線圈的旋轉角度而變化的電壓。磁石的 N 極最接近線圈時，會產生最大正電壓；磁石的兩端，離線圈最遠時，線圈的電壓變成零；磁石的 S 極最接近線圈時，會產生最大負電壓。

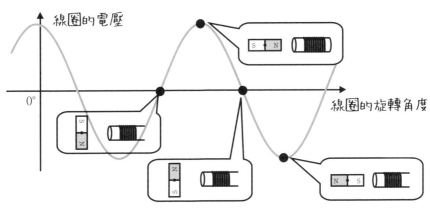

圖 4.9：線圈的旋轉角度與產生的電壓

　　因此，旋轉運動是產生交流的根源。這種旋轉運動可以利用數學補充說明介紹過的三角函數來表示。三角函數是以圓上座標來決定，非常適合用來表示旋轉角度與電壓的關係。

　　將 $y = \sin x$ 畫成圖 4.10。與圖 4.9 相比，不難看出兩者的形狀相同。使用三角函數的 sin 來表示旋轉運動產生的交流，就稱作正弦波交流。

　　但是，這種圖表也會出現左右錯開，或波形最高或最低值是圖 4.10 的 ± 1 等各種差異。以下將說明，先前的單元中，波形的橫軸（時間與角度的關係）或縱軸（電壓或電流的大小）各代表什麼。

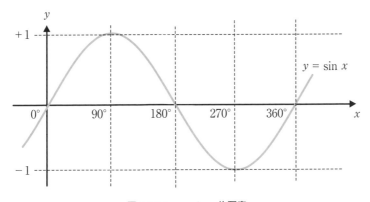

圖 4.10：$y = \sin x$ 的圖表

4-5 ▶ 交流的物理量 1：
　　　　週期、頻率

 ▶【週期】

一個波的量

　　首先，要介紹波的各個名稱。如圖 4.11 所示，波的最高點稱作波峰，最低點稱作波谷，零的部分稱作波節。接下來，要說明如何計算波的數量。波是反覆畫出相同形狀，從某個地方開始，直到回到原本的位置，這之間就稱作一週期，或單純稱為週期，單位是 s。圖 4.11 畫出了波峰到波谷、波谷到波谷、波節到波節的一週期。

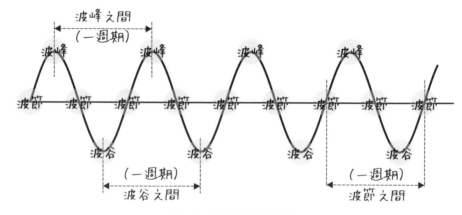

圖 4.11：**波的各部名稱與週期**

 ▶【頻率】

1s 間的波數

　　週期是表示畫出一個波要花費的時間，接下來要反推回去，算出波數。1s 間有多少週期，波數是多少，這就稱作頻率，單位是 Hz（赫茲）。

以圖 4.12 為例，1s 間有四個週期波，因此這個波的頻率是 4Hz。1s 之間有四個波，代表必須將 1s 分成四等分，每等分放入一週期，所以週期是 $\dfrac{1}{4} = 0.25$ s。

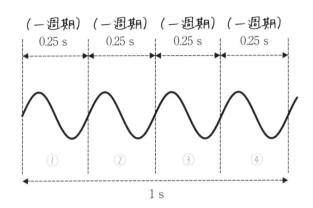

1s 之間有四個週期
↓
4 Hz

圖 4.12：週期與頻率

根據上述說明，假設週期為 T〔s〕、頻率是 f〔Hz〕，可以得知 $T = \dfrac{1}{f}$。

▶【週期與頻率的關係】

$$T = \frac{1}{f} \quad \text{或將算式變形成} \quad f = \frac{1}{T}$$

● 例　　請問頻率 1kHz 的正弦波週期是多少？

答　　$T = \dfrac{1}{f} = \dfrac{1}{10^3\,\text{Hz}} = 1 \times 10^{-3}\,\text{s} = 1\,\text{ms}$

問 4-2　假設正弦波的週期是 0.02s，那麼頻率是多少？

解答請見 P.202

4-6 ▶ 交流的物理量 2：
弧度、角頻率

> ? ▶【弧度法】
>
> **用圓弧的長度來測量角度。**

　　一般顯示角度時，都是採用 30° 或 240° 表記的度數法，這是把 360° 當作一周來制定的角度表示方法。360 大部分都可以除盡，就分割角度而言，度數法是非常方便的。

　　但列出算式時，使用 360 這麼大的數字，在計算上有點麻煩。因此，衍生出弧度法，不使用 360，改用圓弧長度來決定角度。一周等於 2π，所以這是以半徑 1 的圓周來測量角度的方法。

　　圖 4.13 是以弧度法來決定角度。由於 360° 是 2π，所以 180° 是 π，90° 是 $\dfrac{\pi}{2}$。度數法的單位是「°」，而弧度法的單位卻是 rad，英文是 radian。

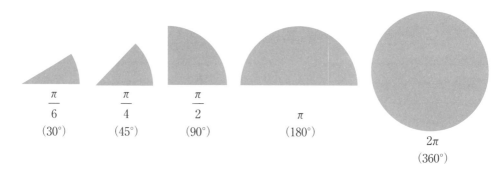

$$\frac{\pi}{6}$$
(30°)

$$\frac{\pi}{4}$$
(45°)

$$\frac{\pi}{2}$$
(90°)

$$\pi$$
(180°)

$$2\pi$$
(360°)

圖 4.13：弧度法的思考方法（非切蛋糕或切派的方法）

● 例　　20° 是多少 rad？

答　　360° 是 2π〔rad〕所以，20° 是 $2\pi \times \dfrac{20}{360} = \dfrac{\pi}{9}$〔rad〕

▶【角頻率、角速度】

角度的速度

運動會時，跑道最外側的人跑的距離比較長。如圖 4.14 所示，在不同半徑的圓弧上，兩人同時起跑時，若要同時抵達終點，外側的人必須跑得比較快。

像這樣，要按照半徑的大小來改變速度，實在很不方便，因此計算交流時，會使用角頻率或角速度（兩者相同）。後者的名稱比較容易瞭解，也就是隨「角」度變化的「速度」。

圖 4.14：**外圈的距離比較遠**

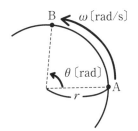

圖 4.15：**角速度**

如圖 4.15 所示，以速度 t〔s〕繞行半徑為 r 的弧形 AB。請利用角度 θ〔rad〕來顯示弧形 AB。角頻率 ω（omega）是

$$\omega = \frac{\theta}{t}$$

換句話説，每 1s 可以旋轉多少 rad，就是角速度，單位是 rad/s（radian per second）。

接下來，請試著計算出 1 秒鐘，旋轉 f 次的物體，其角頻率為多少？由於一周是 2π〔rad〕，所以這個物體在 t 秒間，旋轉 $t \times f \times 2\pi$〔rad〕。因此

$$\omega = \frac{t \times f \times 2\pi}{t} = 2\pi f$$

代表頻率 f 與角頻率 ω 存在著 $\omega = 2\pi f$ 的關係。

● 例　　頻率 60Hz 的交流，其角頻率是多少？

答　　$\omega = 2\pi f = 2\times\pi\times60 = 120\pi$〔rad/s〕

4-7 ▶ 瞬時值的顯示方法

▶【瞬時值】

那一瞬間的值

交流電壓或交流電流是無時無刻都在變化的數值。將時間暫停，該交流的值，就稱作瞬時值。

正弦波交流的瞬時值可以使用三角函數來表示，請見下圖。另外，這裡雖然顯示的是正弦波交流電壓，不過電流的表示方式完全一樣。

V_m〔V〕稱為最大值，顧名思義，代表正弦波交流電壓的最大數值。ω〔rad/s〕是 **4-6** 出現過的角頻率，用來決定圖表的橫向間隔。t 是時間，代入任意值，可以得知任何時間的瞬時值 v〔V〕。θ 稱作初期相位，代表時間 $t = 0$ 的時候，三角函數中的角度。在圖 4.16 的圖表中，橫軸為 ωt。初期相位 θ 是在圖表橫軸的負值方向，距離 θ 的時候，開始作用。

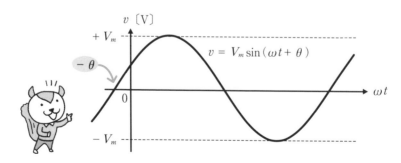

圖 4.16：**瞬時值** $v = V_m \sin(\omega t + \theta)$ **的圖表**

角頻率 ω〔rad/s〕、初期相位 θ、最大值 V_m〔V〕會產生何種瞬時值的圖表？結果如圖 4.17 所示。角頻率 ω〔rad/s〕與初期相位 θ 決定圖表的橫軸，最大值 V_m〔V〕決定圖表的縱軸。

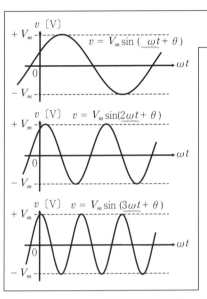

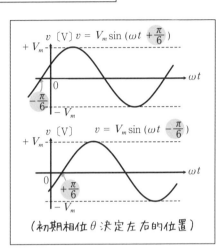

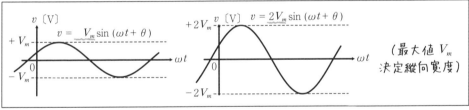

圖 4.17：（左上）改變 ω　（右上）改變 θ　（下）改變 V_m

● 例　請計算瞬時值 $v = 10 \sin\left(120\,\pi\,t + \dfrac{\pi}{3}\right)$〔V〕的最大值、角頻率、頻率、初期相位。

答　按照瞬時值的公式，可以得知最大值是 10 V、角頻率是 $120\,\pi$、初期位相是 $\dfrac{\pi}{3}$〔rad〕。根據 $\omega = 2\,\pi\,f$，因此頻率是

$$f = \frac{\omega}{2\,\pi} = \frac{120\,\pi}{2\,\pi}\ \mathrm{Hz} = 60\ \mathrm{Hz}$$

電流的瞬時值也可以利用相同公式來表示。

瞬時值　　　　時間
　↓　　　　　　↓
$V = V_m \sin(\omega\,t + \theta)$
　　↗　　　　↗　　↖
最大值　角頻率　初期相位

125

4-8 ▶ 相位

❓ ▶【相位】

將波的位置傳遞給對方。

這個名詞看起來有點難懂，其實一點都不難。正弦波交流是重複相同波形的振動，而相位是用來表示一個週期內的位置。接下來，以圖 4.18 為例，一起來思考 $v = V_m \sin(\omega t + \theta)$ 這個瞬時值的正弦波交流電壓。若想知道 ★ 的狀態，也就是希望取得瞬時值時，必須知道「究竟是哪個瞬時值」，這就是相位。

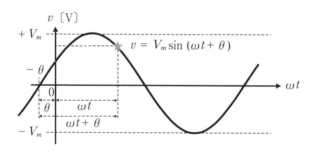

圖 4.18：**瞬時值 $v = V_m \sin(\omega t + \theta)$ 的圖表**

如果要指出「是哪個瞬時值？」就得先設定橫軸。因此，在三角函數的括弧中，代入 $\phi = \omega t + \theta$。只要算出 ϕ 的值，就能得知瞬時值。ϕ 稱作**相位角**，或簡稱為**相位**。

● **例**　假設正弦波交流電流的瞬時值為 $i = 10 \sin(2\pi t + 0.3\pi)$〔A〕，請計算出當 $t = 0.1$ s 的相位與瞬時值。

答　當 $t = 0.1$ s 的時候，相位是 $\phi = 2\pi t + 0.3\pi = 2\pi \times 0.1 + 0.3\pi = 0.5\pi$〔rad〕。瞬時值是 $i = 10 \sin 0.5\pi$ A $= 10 \sin \dfrac{\pi}{2}$ A $= 10 \times 1$ A $= 10$ A。

【相位差】

相位的差異是多少。

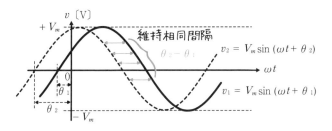

圖 4.19：兩個瞬時值的相位差

圖 4.19 是在一個圖表內畫出兩個瞬時值。這兩個瞬時值分別是

$$v_1 = V_m \sin(\omega t + \theta_1) \cdot v_2 = V_m \sin(\omega t + \theta_2)$$

2 個瞬時值的算式中，差別只在初期位相 θ_1、θ_2，最大值 V_m〔V〕與角頻率 ω〔rad/s〕一樣。假設這些瞬時值的位相是

$$\phi_1 = \omega t + \theta_1 \cdot \phi_2 = \omega t + \theta_2$$

計算兩者的差異後，變成

$$\phi_1 - \phi_2 = (\omega t + \theta_1) - (\omega t + \theta_2) = \theta_1 - \theta_2$$

因此可以得知，不論時間 t 是多久，都存在著 $\theta_1 - \theta_2$ 的相位差距。檢視上面的圖表，也能看出兩個瞬時值一直維持 $\theta_1 - \theta_2$ 的相位差距。這種相位的差距就稱作相位差。

我們可以用前進或延遲來表現兩個瞬時值的相位關係。如圖 4.20 所示，朝向圖表左方的是「前進」，朝向圖表右方的是「延遲」。

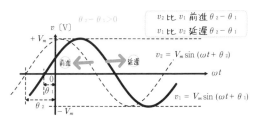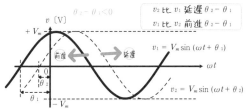

圖 4.20：位相關係

127

4-9 ▶ 平均值

　　交流的電壓或電流值隨時都在變化。那麼，「此交流電壓是○○ V」這種說法正確嗎？雖然交流的值隨時在變，但是依舊可以決定代表該交流的值。這本書要介紹的是，正弦波交流的平均值以及有效值等兩種值。首先，從平均值開始說明。

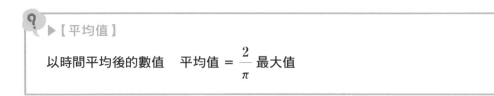

▶【平均值】

以時間平均後的數值　　平均值 $= \dfrac{2}{\pi}$ 最大值

　　平均值非常單純，就是交流的波形大小之平均值。但是，如圖 4.21 所示，交流是相同的正負值交替出現，因此直接平均的話，平均值會變成零。

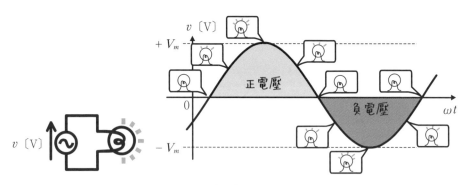

圖 4.21：在燈泡加上交流電壓

　　如圖 4.22 所示，不論負交流電壓或正交流電壓，燈泡的亮度並不會改變。

　　所以，應該如圖 4.23 所示，只取正半週期內的平均數值，才是平均值。最大值為 V_m〔V〕的正弦波交流，平均值 V_{av}〔V〕是：

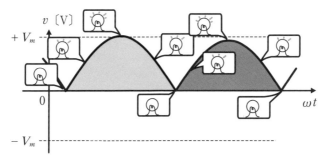

圖 4.22：正電壓、負電壓做的功相同

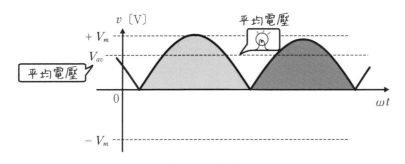

圖 4.23：平均值

$$V_{av} = \frac{2}{\pi} V_m$$

另外，正弦波交流電流也一樣，最大值 I_m〔A〕的平均 I_{av}〔A〕是

$$I_{av} = \frac{2}{\pi} I_m$$

● **例** 請計算出最大值 10A 的正弦波交流之平均值。

答 $I_{av} = \frac{2}{\pi} I_m = \frac{2}{\pi} \times 10\,\text{A} = 6.37\,\text{A}$

問 4-3 請計算出瞬時值為 $v = 20 \sin\left(120\,\pi\,t + \frac{\pi}{6}\right)$ 的正弦波交流電壓之平均值。

解答請見 P.202

4-10 ▶ 有效值

4-9 介紹了平均值，不過這個值很少用來代表交流，因為比起平均值，還有更便於表示交流的值。

> **【有效值】**
>
> 與直流值做的功相同的交流值　有效值 = $\dfrac{1}{\sqrt{2}}$ 最大值

究竟哪種值才方便代表經常變化的交流值？指標之一就是電力。給予和直流相同電力的交流值，稱作有效值。

請見圖 4.24，請思考一下在電阻加上直流時的消耗電力 $P = RI^2$，以及在電阻加上交流時 $P = Ri^2$ 的時間平均。直流的電力一直保持固定值，但是交流的電力 Ri^2 是隨時變化的值。因此，時間平均值算出來的結果，會被認為是交流的電力。這些電力就成為交流的有效值，與直流電流 $I〔A〕$ 等效。

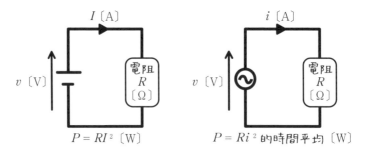

圖 4.24：直流的電力與交流的電力

圖 4.25 左邊是將直流的電流 $I〔A〕$ 與電力 $P = RI^2$ 的時間變化製作成圖表。即使時間變化，電流、電力仍不變，維持固定。圖 4.25 右邊是將交流的電流 $i = I_m \sin \omega t$ 與 Ri^2 的時間變化製作成圖表。Ri^2 會隨時間而變化，所以也一併記錄下平均值。

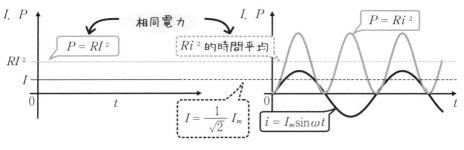

圖 4.25：決定有效值的方法

最大值是 I_m〔A〕，正弦波交流的有效值 I〔A〕如下

$$I = \frac{1}{\sqrt{2}} I_m$$

正弦波交流電壓也一樣，最大值 V_m〔V〕的有效值 V〔V〕是

$$V = \frac{1}{\sqrt{2}} V_m$$

一般交流的值是指有效值。例如，家用插座用的是 110V 的交流電，這是指有效值為 110V。換句話說，如圖 4.26 所示，直流電 110V 通過燈泡時的亮度，與交流電 110V 通過燈泡時的亮度一致，亦即兩者供給的電力相同。

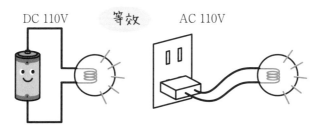

DC 110V　　等效　　AC 110V

圖 4.26：以有效值表示交流

● 例　請計算出最大值 10A 的正弦波交流之有效值。

答　$I = \frac{1}{\sqrt{2}} I_m = \frac{1}{\sqrt{2}} \times 10 \text{ A} = 7.07 \text{ A}$

問 4-4　正弦波交流電壓的瞬時值是 $v = 20 \sin\left(120 \pi t + \frac{\pi}{6}\right)$，請計算出有效值。

解答請見 P.202

4-11 ▶ 交流與向量

> **❓ ▶【純量、向量】**
>
> **純量有**大小
>
> **向量有**方向**與**大小

　　上面雖然出現了不常見的名詞，其實一點都不難，世上的物理量大致分成兩類[5]，具體的分類範例如圖 4.27。體重、體積、長度、溫度等只有「大小」的量，稱作純量。如圖 4.27 括弧內所示，純量只需要顯示代表大小的數值與單位。

　　可是風、力、電場、磁通密度等，除了「大小」，也需要「方向」的資訊。括弧內不僅有代表大小的數值與單位，也包括方向。這種具有「方向」與「大小」的量，稱作向量。箭頭可以用來代表向量，箭頭的長度為「大小」，箭頭的方向是「方向」。

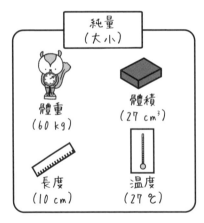
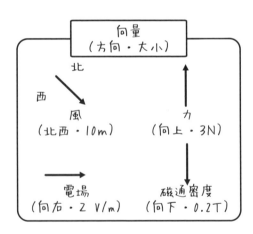

圖 4.27：純量與向量

---

[5]　還有不屬於這兩種分類的量（例如：張量 Tensor）。但是這部分超出本書的範疇，因此不做介紹。

感覺純量或向量似乎與電完全無關，其實這之間有著密切的關聯性。

如圖 4.28 所示，直流是純量，交流是向量。以直流為例，電壓或電流只有代表大小的數字與單位，也就是說，是具有「大小」資訊的純量。可是交流的電壓、電流除了最大值、平均值、有效值等大小之外，也包括相位等資訊。以算式表示瞬時值時，會用角度來代表。若將這個部分當作「方向」資訊來處理，就可以瞭解，交流是有「大小」與「方向」的向量。

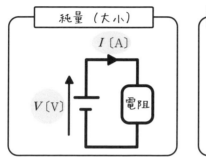
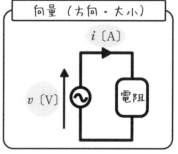

圖 4.28：**直流是純量，交流是向量**

如圖 4.29 所示，以向量表示瞬時值 $v = 100\sqrt{2}\sin\left(\omega t + \dfrac{\pi}{6}\right)$，向量的大小以有效值表示，方向是初期相位。初期相位 $\dfrac{\pi}{6}$（30°）是以橫軸為基準的測量結果。瞬時值標示為英文小寫字母 v。以向量表示交流時，會使用圓點符號「‧」加上英文大寫字母，顯示為 $\dot{V}$。

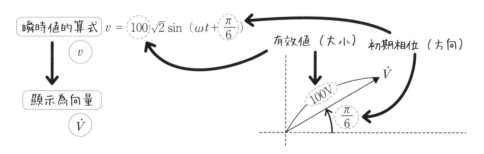

圖 4.29：**以向量（箭頭）表示交流的瞬時值**

4-12 ▶ 向量的計算方法

❓ ▶【向量的計算方法】

可以相加或相減，只要畫出平行四邊形即可。

向量和純量都可以使用加法或減法，以下用圖示來說明。

兩個人往不同方向拉動非常重的石頭時，結果會如何？

如圖 4.30 所示，以箭頭代表拉動石頭的方向，箭頭長短為拉力的強弱，這樣就能用視覺化的方式來說明。以箭頭為邊，畫出平行四邊形，力量作用在對角線上，所以會往對角線方向拉動石頭。

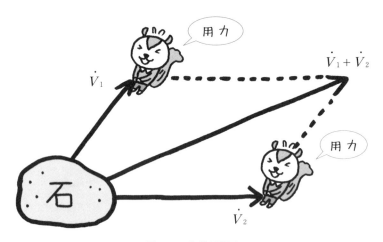

圖 4.30：加法示意圖

剛才是將向量限定為「力量」來做說明，但是不論哪種向量，都可以使用加法。如圖 4.31 所示，若要將兩個向量 $\dot{V}_1$ 與 $\dot{V}_2$ 相加，可以把這兩個向量當作兩邊，畫出平行四邊形。此對角線會變成 $\dot{V}_1 + \dot{V}_2$ 相加的向量。

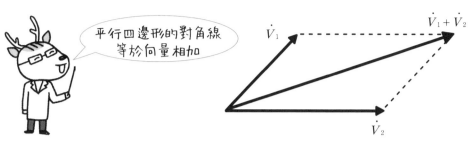

圖 4.31：向量的加法

接下來，要說明向量的減法。減法可以當作是「負值相加」，也就是

$$\dot{V}_1 - \dot{V}_2 = \dot{V}_1 + (-\dot{V}_2)$$

以下要講解含有負值符號的向量（$-\dot{V}_2$），其實非常簡單，如圖 4.32 所示，向量 A 加上負號的 $-\dot{A}$ 是與 $\dot{A}$ 相反方向的向量。

圖 4.32：負向量

如果要計算 $\dot{V}_1 - \dot{V}_2$，只要在 $\dot{V}_1$ 加上（$-\dot{V}_2$）即可，因此如圖 4.33 所示，以 $\dot{V}_1$ 與（$-\dot{V}_2$）為邊，畫出平行四邊形，就可以完成向量減法。

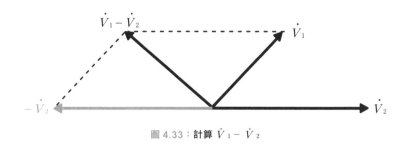

圖 4.33：計算 $\dot{V}_1 - \dot{V}_2$

4-13 ▶ 記號法 1：以複數表示向量

> ？▶【向量是】
>
> 只要有 2 個值就可以表示交流。

4-11 說明過，可以用向量表示交流。如圖 4.34 左所示，利用箭頭的「長度」（有效值）與箭頭方向的「角度」（初期相位）等兩個量，就能以向量來表示交流。因為向量畫在平面上（二次元上），所以只要用兩個值來表示即可。這種畫出「長度」及「角度」來表示向量的方法，稱作極座標表示法。

另外，還有使用橫軸與縱軸來表示向量的方法，如圖 4.34 右所示。取得縱軸與橫軸的數據，用這兩個值來顯示向量的方法，稱作直角坐標顯示法。

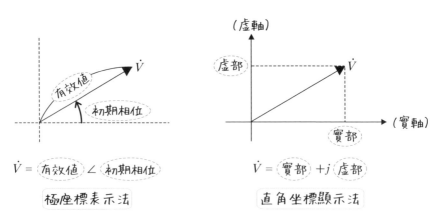

圖 4.34：極座標表示法與直角坐標表示法

> ？▶【複數】
>
> 由實數與虛數構成的數。

直角座標表示法需要有當作兩個值指標的座標軸。其實，也可以準備兩個普通的值，但是使用擁有虛實兩種性質的複數，比較方便。

橫軸稱為實軸，縱軸是虛軸。另外，實軸的指數值是實部，虛軸的指數值是虛部。合併實部與虛部等兩個值的數，稱作複數，可以用以下方式表示。

$$\dot{V} =（實部）+ j（虛部）$$

這裡的 j 是特殊數，稱作虛數單位，擁有以下性質。

$$j^2 = -1$$

乘兩次會變成負值的數是 j [*6]。根據這個部分，可以將複數區分成一般值的實部與含有 j 的虛部。這種乘兩次變成負值的數，稱作虛數。

？▶【記號法】

以複數表示交流的方法

初次接觸「複數」的人，可能會有些似懂非懂。可是，複數最大的好處是，可以使用「四則運算」，亦即 +、−、×、÷ 都可以使用。或許你會覺得理所當然，可是在計算交流時，真的非常方便。

交流能用向量顯示，但是比起畫出向量圖來計算交流的方法，利用四則運算更輕鬆。另外，以複數顯示交流電壓或交流電流之後，可以將直流電路學過的歐姆定律或合成電阻的方法，直接運用在交流電路上，更加方便。這種以複數表示交流的方法，稱作記號法。

---

*6　一般數學用的是 imaginary（想像上的）這個英文字的頭一個字母 i。可是在電路學中，容易與交流電流的 i〔A〕混淆，因此按照英文字母的順序，改用下一個字母 j。

4-14 ▶ 記號法 2：
複數的計算方法

▶【複數的四則運算】

分成實部與虛部。

複數可以執行「四則運算」，也就是說，＋、－、×、÷全都可以使用。此時，請先確實區分出沒有虛數單位 j 的實部，以及有虛數單位 j 的虛部。

○加法、減法

只要個別加減實部與虛部即可。最後，再將實部與虛部分別合併。例如，請試著以加法及減法計算複數 $1 + j4$ 與複數 $2 + j3$。

| 加法 | $(1 + j4) + (2 + j3) = (1 + 2) + j(4 + 3) = 3 + j7$ |

| 減法 | $(1 + j4) - (2 + j3) = (1 - 2) + j(4 - 3) = -1 + j$ |

○乘法

把 j 當作普通的公式處理，最後如果有 j^2，只要當作 $j^2 = -1$ 即可。請試著將複數 $1 + j4$ 與複數 $2 + j3$ 相乘。

| 乘法 | $(1 + j4)(2 + j3) = 1 \cdot 2 + 1 \cdot j3 + j4 \cdot 2 + j4 \cdot j3$ |

展開算式

$$= 2 + j(3 + 8) + j^2 12$$ 整理

$$= 2 + j11 + (-1) \cdot 12$$ $j^2 = -1$

$$= -10 + j11$$ 整理

○除法

這是四則運算中，最麻煩的計算方法。以下將複數 $1 + j4$ 與複數 $2 + j3$ 相除，利用具體範例來做說明。以分數寫出兩者相除的情況如下

| 除法 | $\dfrac{1 + j4}{2 + j3}$ |

請思考如何去除分母中的虛部。請利用文字的展開公式$(a + b)(a - b) = a^2 - b^2$，在分母乘上複數$2 - j3$。

$$(2 + j3)(2 - j3) = 2^2 - (j3)^2 = 4 - j^2 9 = 4 - (-1)9 = 4 + 9 = 13$$

如此一來，包含j的虛部消失，只剩下13這個實數。善用這種性質，去除分母的虛部，這就是除法的運用手法。

由於在分母乘上$(2 - j3)$，所以分子也同樣乘上$(2 - j3)$，就變成

$$\frac{1 + j4}{2 + j3} = \frac{1 + j4}{2 + j3} \cdot \frac{2 - j3}{2 - j3}$$

接下來，分別計算分母與分子。

分子 $= (1 + j4)(2 - j3)$
$= 1 \cdot 2 + 1 \cdot (-j3) + j4 \cdot 2 + j4 \cdot (-j3)$

┌─ **展開算式**

$= 2 + j(-3 + 8) - j^2 12$ ── **以 $j^2 = -1$ 來整理算式**

$= 14 + j5$

分母 $= 13$ ── **剛才計算的結果**

因此，相除之後的結果是

$$\frac{1 + j4}{2 + j3} = \frac{14 + j5}{13}$$

分母為實數13，再將這個部分分配給分子的虛部與實部，算出以下答案。

$$\frac{1 + j4}{2 + j3} = \frac{14}{13} + j\frac{5}{13}$$

問 4-5 請計算以下複數。

(1) $(3 + j4) + (2 - j3)$　　(2) $(3 + j4) - (2 - j3)$

(3) $(3 + j4)(2 - j3)$　　　(4) $\dfrac{3 + j4}{2 - j3}$

解答請見 P.202~P.203

4-15 ▶ 記號法 3：
複數的應用範圍

▶【記號法】

以複數顯示交流的方法

交流是以向量來表示的物理量，用複數可以代表向量。換句話說，複數可以表示交流。這種手法稱作記號法，由愛迪生的學生史坦梅茲（Steinmetz）提出。非常方便，請一定要學會。

接下來，請利用極座標表示法的向量來顯示用瞬時值表示的交流電壓。

$$v = 10\sqrt{2}\sin\left(120\pi t + \frac{\pi}{6}\right)\text{V}$$

首先，請見 sin 括弧中的內容，可以得知初期相位是 $\frac{\pi}{6}$ [7]。接下來，此電壓的最大值是 $10\sqrt{2}$，所以有效值是

$$有效值 = \frac{最大值}{\sqrt{2}} = \frac{10\sqrt{2}}{\sqrt{2}} = 10\text{ V}$$

若以極座標表示法的向量來顯示，結果如下。

$$\dot{V} = 10\angle\frac{\pi}{6}\text{ (V)}$$

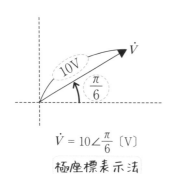
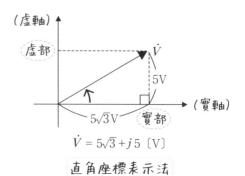

圖 4.35：從極座標表示法變成直角座標表示法

---

[7] 想複習的人，請參考「**4-7 瞬時值的顯示方法**」

接下來，請將極座標表示法轉換成直角座標表示法，以複數顯示向量。用畫圖的方式畫出極座標表示法中的算式，結果如圖 4.35 左所示。從這裡往橫軸（實軸）與縱軸（虛軸）畫出垂直線，再分別取用該座標。首先是實軸，直角三角形的斜邊長度是 10，銳角是 $\dfrac{\pi}{6}$，以 $\cos \dfrac{\pi}{6}$ 來思考的話 [8]，

$$\text{由於 } \cos \frac{\pi}{6} = \frac{\boxed{實部}}{10} \quad \text{，所以} \quad \boxed{實部} = 10 \cos \frac{\pi}{6} = 10 \cdot \frac{\sqrt{3}}{2} = 5\sqrt{3}$$

可以得知實部的值。請利用相同方法來求出虛部。直角三角形的斜邊長度是 10，銳角為 $\dfrac{\pi}{6}$，以 $\sin \dfrac{\pi}{6}$ 來思考的話，

$$\text{由於 } \sin \frac{\pi}{6} = \frac{\boxed{虛部}}{10} \quad \text{，所以} \quad \boxed{虛部} = 10 \sin \frac{\pi}{6} = 10 \cdot \frac{1}{2} = 5$$

求出虛部的值。這樣就算出實部與虛部的值了，以複數表示交流時，結果如下。

$$\dot{V} = 5\sqrt{3} + j\,5\,(\text{V})$$

從極座標表示法轉換成直角座標表示法的重點整理如下。

▶【極座標表示法轉換成直角座標表示法】

$$\dot{V} = V\angle\theta \qquad \dot{V} = \underbrace{V\cos\theta}_{實部} + j\,\underbrace{V\sin\theta}_{虛部}$$

實部是 cos，虛部是 sin　　_極座標表示法_　　_直角座標表示法_

到目前為止，已經介紹過三種交流的表示方法，因此在表 4.2 歸納了各表示方法的特色。

表 4.2：**各種交流的表示方法**

以瞬時值表示	$v = 10\sqrt{2}\sin\left(120\pi t + \dfrac{\pi}{6}\right)\text{V}$	可以顯示所有交流的資訊
極座標表示法	$\dot{V} = 10 \angle \dfrac{\pi}{6}\,(\text{V})$	明確顯示向量的大小與方向
直角座標表示法（記號法）	$\dot{V} = 5\sqrt{3} + j\,5\,(\text{V})$	方便計算

---

[8]　若要複習三角比或三角函數，請參考「**4-2 數學補充說明 1：三角比**」、「**4-3 數學補充說明 2：三角函數**」。

4-16 ▶ 交流電路中各元件的作用 1：性質

▶【交流中】

線圈或電容器會變成類似電阻的東西。

第 2 章直流電路中，沒有出現線圈及電容器。這是因為，線圈只是捲繞電線製作出來的東西[*9]，所以在直流中，電阻為零。電容器是夾住真空或介電質的東西[*10]，因此直流不會通過，電阻變成無限大。

可是，在交流之中，線圈或電容器會擁有類似電阻的性質。請參考表 4.3，這裡整理了電阻、線圈、電容器在交流電路中的性質。

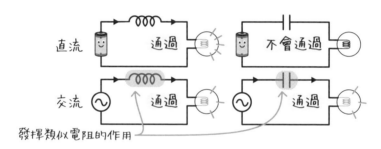

圖 4.36：加上直流、交流時的線圈與電容器

表 4.3 的電路顯示的是，加上角頻率 $\omega = 2\pi f$（f 是頻率）的正弦波交流電壓 $\dot{V}$〔V〕時，通過電阻、線圈、電容器中的電流為 $\dot{I}$〔A〕。此時，對各元件的阻抗 $\dot{Z}$〔Ω〕套用歐姆定律

$$\dot{V} = \dot{Z}\dot{I}$$

各元件的阻抗 $\dot{Z}$〔Ω〕是

| 電阻 $\dot{Z} = R$ | 線圈 $\dot{Z} = j\omega L$ | 電容器 $\dot{Z} = \dfrac{1}{j\omega C}$ |

[*9] 請參考「**3-23** 線圈的物理量（自感）」。

[*10] 請參考「**3-8** 何謂電容器」。

表 4.3：電阻、線圈、電容器的比較

元件	符號	量的符號〔單位〕	阻抗 $\dot{Z}$	歐姆定律
電阻	$\dot{V}$〔V〕 i〔A〕 R〔Ω〕 $\omega = 2\pi f$	R〔Ω〕	R〔Ω〕	$\dot{V} = R\dot{i}$
線圈	$\dot{V}$〔V〕 i〔A〕 L〔H〕 $\omega = 2\pi f$	L〔H〕	$j\omega L$〔Ω〕	$\dot{V} = j\omega L\dot{i}$
電容器	$\dot{V}$〔V〕 i〔A〕 C〔F〕 $\omega = 2\pi f$	C〔F〕	$\dfrac{1}{j\omega C}$〔Ω〕	$\dot{V} = \dfrac{1}{j\omega C}\dot{i}$

檢視各算式之後，會發現直流的電阻不變，但是線圈與電容器的阻抗會變成含有 j 的複數，除去 j 的部分是

$$\boxed{線圈}\quad X_L = \omega L \qquad \boxed{電容器}\quad X_C = \frac{1}{\omega C}$$

其中 X_L〔Ω〕稱作電感抗（Inductive Reactance），X_C〔Ω〕稱作電容抗（Capacitive Reactance），兩者通稱為電抗。

從電抗可以得知，阻抗的值會隨著角頻率 $\omega = 2\pi f$ 而改變。電感抗與角頻率 ω〔rad/s〕成正比，因此頻率愈高，類似電阻的作用愈大。換句話說，加在線圈上的交流頻率愈高，電流愈難通過；反之，電容抗與角頻率 ω〔rad/s〕成反比，所以頻率愈高，類似電阻的作用愈小。也就是説，加在電容器的交流頻率愈高，電流愈容易通過。

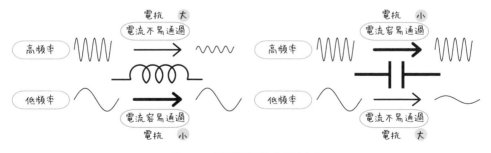

圖 4.37：不同頻率產生的電抗大小

4-17 ▶ 交流電路中各元件的 作用 2：計算方法

機會難得，請利用記號法來練習如何計算交流電路吧！基本上，只要用記號法來表示歐姆定律就行了。

> **▶【阻抗與歐姆定律】**
>
> 只要利用直流電路的歐姆定律，將電壓、電流變成向量，電阻 R〔Ω〕改成阻抗 $\dot{Z}$〔Ω〕即可。阻抗的符號與電阻一樣。
>
> $$\dot{V} = \dot{Z}\dot{I}$$
>
> $\dot{V}$〔V〕　$\dot{I}$〔A〕　$\dot{Z}$〔Ω〕　$\omega = 2\pi f$
>
> 圖 4.38：交流電路的歐姆定律

● **例**　　請計算出以下電路中的阻抗 $\dot{Z}$ 與通過的電流 $\dot{I}$。

答　　電容器的阻抗是

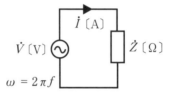

$$\dot{Z} = \frac{1}{j\omega C}$$

為了消除分母中的 j，分別在分母與分子乘上 j，變成

$$\frac{1}{j\omega C} = \frac{1 \cdot j}{j\omega C \cdot j} = \frac{j}{j^2 \omega C} = \frac{j}{(-1)\omega C} = -j\frac{1}{\omega C}$$

代入 $\omega = 2\pi f = 2 \times \pi \times 60$ 與 $C = 1$〔μF〕的值，成為

$$\dot{Z} = -j\frac{1}{\omega C} = -j\frac{1}{2 \times \pi \times 60 \times 1 \times 10^{-6}}\,\Omega$$

$$= -j\,2.65 \times 10^3\,\Omega = -j\,2.65\ k\Omega$$

接著計算出電流 $\dot{I}$〔A〕。根據歐姆定律，只要算出以下算式即可。

$$\dot{I} = \frac{\dot{V}}{\dot{Z}}$$

$\dot{V}$ 的有效值是 $V = 100$〔V〕，可是這裡沒有初期相位。此時，初期相位可以是任意值，不過按照慣例，設定為 0 比較方便。

換句話說 $\dot{V} = 100 \angle 0 = 100 + j\,0 = 100$〔V〕因此，

$$\dot{I} = \frac{\dot{V}}{\dot{Z}} = \frac{100}{-\,j\,2.65 \times 10^{-3}} \text{〔A〕} = j\,37.7\text{〔mA〕}$$

接下來，試著把電壓與電流的向量畫成圖示。

剛才已經將初期相位設定為 0，因此電壓 $\dot{V}$ 的方向朝右。根據計算結果 $\dot{I} = j\,37.7 = 0 + j\,37.7$〔mA〕，所以實部為 0，虛部是 37.7mA，電流 $\dot{I}$ 應該位於虛軸上。另外，將直角座標表示法的計算結果轉換成極座標表示法，會變成 $\dot{I} = 37.7 \angle \dfrac{\pi}{2}$〔mA〕。

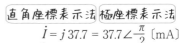

直角座標表示法 極座標表示法

$$\dot{I} = j\,37.7 = 37.7 \angle \frac{\pi}{2} \text{〔mA〕}$$

$$\dot{V} = 100 + j\,0 = 100 \angle 0 \text{〔V〕}$$

直角座標表示法 極座標表示法

圖 4.39：電壓與電流的向量值

阻抗中帶有 j 的元件可以改變電流與電壓的方向關係。

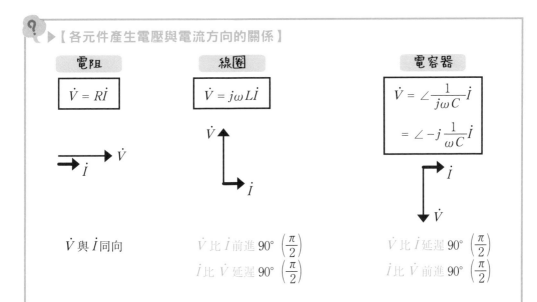

▶【各元件產生電壓與電流方向的關係】

電阻

$$\dot{V} = R\dot{I}$$

$\dot{V}$ 與 $\dot{I}$ 同向

線圈

$$\dot{V} = j\omega L\dot{I}$$

$\dot{V}$ 比 $\dot{I}$ 前進 90° $\left(\dfrac{\pi}{2}\right)$
$\dot{I}$ 比 $\dot{V}$ 延遲 90° $\left(\dfrac{\pi}{2}\right)$

電容器

$$\dot{V} = \angle \frac{1}{j\omega C}\dot{I}$$

$$= \angle -j\frac{1}{\omega C}\dot{I}$$

$\dot{V}$ 比 $\dot{I}$ 延遲 90° $\left(\dfrac{\pi}{2}\right)$
$\dot{I}$ 比 $\dot{V}$ 前進 90° $\left(\dfrac{\pi}{2}\right)$

4-18 ▶ 組合元件 1：RL 串聯電路

使用複數就能和直流一樣進行計算。

我想，你應該已經瞭解複數的優點了吧！接下來，以串聯或並聯的方式連接電阻、線圈、電容器。此時，阻抗計算手法與直流電路學過的完全一樣[*11]。

首先，請見圖 4.40，這是以串聯連接電阻 R〔Ω〕與線圈 L〔H〕的 RL 串聯電路。由於是串聯，所以電阻與線圈會通過相同的電流 $\dot{I}$〔A〕。基於這個原理，在電阻加上電壓 $\dot{V_R}$〔V〕，在線圈加上電壓 $\dot{V_L}$〔V〕。按照歐姆定律，以下的算式成立。

電阻 $\quad \dot{V_R} = R\dot{I} \qquad$ 線圈 $\quad \dot{V_L} = j\omega L\dot{I}$

這 2 個電壓的總和與電源的電壓一致，因此

$$\dot{V} = \dot{V_R} + \dot{V_L}$$

計算之後，變成

$$\dot{V} = R\dot{I} + j\omega L\dot{I} = (R + j\omega L)\dot{I}$$

如果

$$\dot{Z} = R + j\omega L，就會導出 \quad \dot{V} = \dot{Z}\dot{I}$$

變成歐姆定律的形式。也就是說，此 RL 串聯電路的阻抗是 $\dot{Z} = R + j\omega L$。

此電路中的電壓與電流關係如圖 4.41 所示。不論電阻或線圈，通過的電流都一樣，所以電流的初期相位為 0，以電流的方向為基準，畫出圖示。電阻的電壓 V_R〔V〕是 $\dot{I}$〔A〕的 R 倍，所以 $\dot{V_R} = R\dot{I}$，向量的方向與 $\dot{I}$〔A〕相同。

[*11] 但是，要學會複數的計算方法，必須先瞭解「**4-14 記號法 2：複數的計算方法**」。

線圈的電壓 V_L〔V〕是 $\dot{I}$〔A〕的 $j\omega L$ 倍，因此 $\dot{V}_R = j\omega L\dot{I}$。由於 j 是虛數單位，所以向量的方向是 $\dot{I}$〔A〕逆時針旋轉 $90°\left(\dfrac{\pi}{2}\right)$。另外，從畢氏定理可以得知電壓大小 V〔V〕是

$$V = \sqrt{V_R^2 + V_L^2}$$

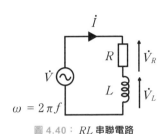

圖 4.40：RL 串聯電路

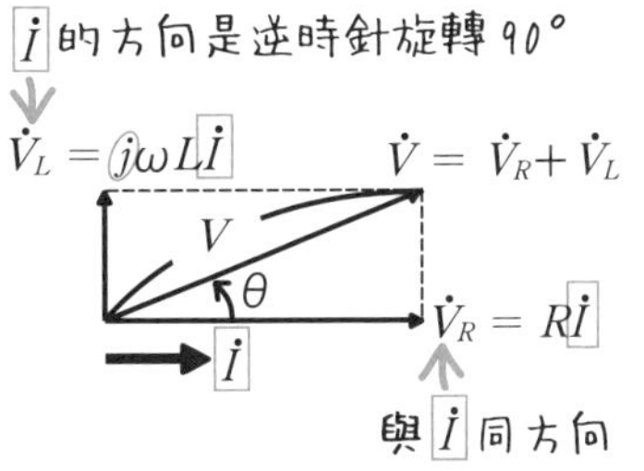

$\dot{I}$ 的方向是逆時針旋轉 $90°$

$\dot{V}_L = (j\omega L)\dot{I}$　　$\dot{V} = \dot{V}_R + \dot{V}_L$

$\dot{V}_R = R\dot{I}$

與 $\dot{I}$ 同方向

圖 4.41：RL 串聯電路的向量圖

$\dot{V}$〔V〕是合併 $\dot{V}_R$〔V〕與 $\dot{V}_L$〔V〕，變成 $\dot{V} = \dot{V}_R + \dot{V}_L$。這裡要注意電壓 $\dot{V}$〔V〕與電流 $\dot{I}$〔A〕之間會形成角度 θ。這就是電壓 $\dot{V}$〔V〕與電流 $\dot{I}$〔A〕的相位差

從 $\tan\theta = \dfrac{V_L}{V_R}$　的關係式中可以導出　$\theta = \tan^{-1}\left(\dfrac{V_L}{V_R}\right)$

$\tan^{-1}$ 是反三角函數之一，若要用三角比逆推出角度，就可以使用它 [*12]。$\dot{V}_R$ 與 $\dot{V}_L$ 的大小分別是

$$V_R = RI、\ V_L = \omega LI$$

所以

$$\theta = \tan^{-1}\left(\frac{V_L}{V_R}\right) = \tan^{-1}\left(\frac{\omega LI}{RI}\right) = \tan^{-1}\left(\frac{\omega L}{R}\right)$$

可以計算出位相差 θ。

圖 4.42 以直角座標表示法顯示向量 $\dot{Z} = R + j\omega L$，這種直角三角形稱作 **阻抗三角形**。阻抗 $\dot{Z}$ 的大小是 Z〔Ω〕，在直角三角形套用畢氏定理，結果如下。

$$Z = \sqrt{R^2 + (\omega L)^2}$$

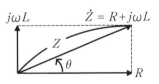

圖 4.42：RL 串聯電路的阻抗三角形

4-19 ▶ 組合元件 2：RC 串聯電路

以下要介紹圖 4.43 串聯電阻 R〔Ω〕與電容器 C〔F〕的 RC 串聯電路。因為是串聯，所以電阻與線圈會通過相同電流 $\dot{I}$〔A〕。在電阻加上電壓 $\dot{V}_R$〔V〕，在電容器加上電壓 $\dot{V}_C$〔V〕，根據歐姆定律，以下算式成立。

電阻 $\quad \dot{V}_R = R\dot{I}$ $\qquad$ **電容器** $\quad \dot{V}_C = \dfrac{1}{j\omega C}\dot{I}$

接下來，此兩個電壓的總和與電源的電壓一致，因此

$$\dot{V} = \dot{V}_R + \dot{V}_C$$

計算之後，結果如下。

$$\dot{V} = R\dot{I} + \frac{1}{j\omega C}\dot{I} = \left(R + \frac{1}{j\omega C}\right)\dot{I}$$

這裡如果

$$\dot{Z} = R + \frac{1}{j\omega C} \quad 就會變成 \quad \dot{V} = \dot{Z}\dot{I}$$

形成歐姆定律。換句話說，這個 RC 串聯電路的阻抗 $\dot{Z} = R + \dfrac{1}{j\omega C}$。

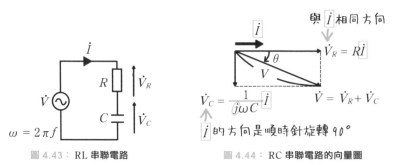

圖 4.43：RL 串聯電路 $\qquad$ 圖 4.44：RC 串聯電路的向量圖

圖 4.44 顯示了此電路的電壓與電流之間的關係。不論電阻或線圈都通過相同電流，代表這是電流的初期相位為 0，以電流方向為基準的圖示。

電阻的電壓 $\dot{V}_R$〔V〕是 $\dot{I}$〔A〕的 R 倍，所以 $\dot{V}_R = R\dot{I}$，向量的方向與 $\dot{I}$〔A〕相同。電容器的電壓 $\dot{V}_C$〔V〕是 $\dot{I}$〔A〕的 $1/(j\omega C)$ 倍，所以 $\dot{V}_C = \dfrac{1}{j\omega C}\dot{I}$。由於 j 是虛數單位，所以向量的方向是 $\dot{I}$〔A〕順時針旋轉 $90°\left(\dfrac{\pi}{2}\right)$。利用畢氏定理可以得知代表電壓大小的 V〔V〕是

$$V = \sqrt{V_R^2 + V_C^2}$$

$\dot{V}$ 合併 $\dot{V}_R$ 與 $\dot{V}_C$，變成 $\dot{V} = \dot{V}_R + \dot{V}_C$，電壓 $\dot{V}$ 與電流 $\dot{I}$ 的相位差是 θ，利用 $\tan\theta = \dfrac{V_C}{V_R}$ 的關係式，計算出 $\theta = \tan^{-1}\left(\dfrac{V_C}{V_R}\right)$

$\dot{V}_R$ 與 $\dot{V}_C$ 的大小分別是

$$V_R = RI \text{、} V_C = \frac{1}{\omega C}I$$

因此

$$\theta = \tan^{-1}\left(\frac{V_C}{V_R}\right) = \tan^{-1}\left(\frac{I/(\omega C)}{RI}\right) = \tan^{-1}\left(\frac{1}{\omega CR}\right)$$

也能計算出相位差 θ。

RC 串聯電路的阻抗三角形如圖 4.45 所示。在直角三角形套用畢氏定理，所以代表阻抗 $\dot{Z}$ 大小的 Z 是

$$Z = \sqrt{R^2 + \left(\frac{1}{\omega C}\right)^2}$$

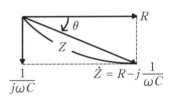

圖 4.45：RC 串聯電路的阻抗三角形

● 例　假設在圖 4.43 的 $R = 10\,\Omega$、$C = 100\,\mu\text{F}$ 元件中，加上頻率 $f = 60\ \text{Hz}$ 的交流，請計算出阻抗 $\dot{Z}$〔Ω〕、阻抗大小 Z〔Ω〕、電流與電壓的相位差 θ。

答　$\dot{Z} = R + \dfrac{1}{j\omega C} = R - j\dfrac{1}{\omega C}$

$\qquad = 10 - j\dfrac{1}{2\times\pi\times 60\times 100\times 10^{-6}}$〔Ω〕

$\qquad = 10 - j\,26.5$〔Ω〕

$\quad Z = \sqrt{R^2 + \left(\dfrac{1}{\omega C}\right)^2} = \sqrt{10^2 + 26.5^2} = 28.3\ \Omega$

$\quad \theta = \tan^{-1}\left(\dfrac{1}{\omega CR}\right) = \tan^{-1}\left(\dfrac{26.5}{10}\right) = 1.21\ \text{rad} = 69.3°$

難度 ★★★★☆

4-20 ▶ 交流的電力

 ▶【交流的電力】

與直流不一樣，換 cos 登場。

表 4.4：各種相位差的瞬間電力 p

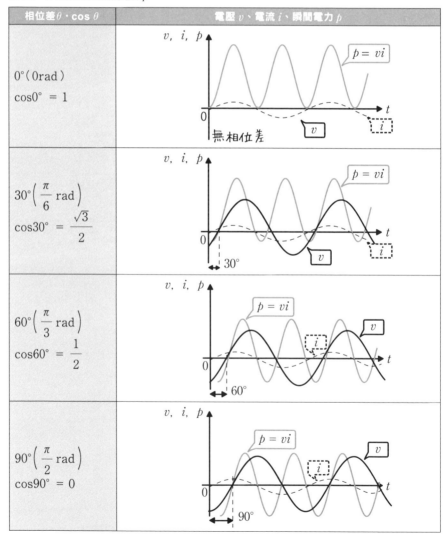

相位差 θ、$\cos\theta$	電壓 v、電流 i、瞬間電力 p
$0°\,(0\,\text{rad})$ $\cos 0° = 1$	$v,\ i,\ p$ $p = vi$ t 無相位差 v i
$30°\left(\dfrac{\pi}{6}\,\text{rad}\right)$ $\cos 30° = \dfrac{\sqrt{3}}{2}$	$v,\ i,\ p$ $p = vi$ t $30°$ v i
$60°\left(\dfrac{\pi}{3}\,\text{rad}\right)$ $\cos 60° = \dfrac{1}{2}$	$v,\ i,\ p$ $p = vi$ v i t $60°$
$90°\left(\dfrac{\pi}{2}\,\text{rad}\right)$ $\cos 90° = 0$	$v,\ i,\ p$ $p = vi$ v i t $90°$

直流與交流最大的差別在於，是否有相位。直流只要考量大小，不需要顧慮相位。交流在電壓與電流之間會產生相位差，相位差會讓交流無法徹底發揮擁有的電力。因此，從直流中學會的電力知識，還得思考的更廣泛一些。

表 4.4 畫出了電壓 v〔V〕與電流 i〔A〕的相位差為 $0°$、$30°$、$60°$、$90°$ 的圖表。同時也一併加上電壓乘上電流的瞬時值 $p = vi$〔W〕之瞬間電力。

假設相位差為 0，p 隨時都是正值，電壓與電流維持相同符號。隨著相位差增加，電壓與電流變成異符號的時間拉長，p 成為負值的時間也會增加。當相位差成為 $90°$ 時，正負電力剛好維持相同比例，因此可用電力完全抵銷。所以，交流的電力會隨著相位差而改變。

瞬間電力的時間平均稱作有效電力，電壓 V〔V〕、電流 I〔A〕、相位差 θ 的有效電力 P〔W〕的算式如下 [13]。

$$P = VI\cos\theta$$

● 例　假設有個 100V、2A 的電器產品，當相位差為 $60°$ 時，消耗電力是多少？

答　　$P = VI\cos\theta = 100 \times 2 \times \cos 60° = 100\ \text{W}$

如果是直流，只要電壓乘上電流，就能算出電力。但是交流要考量到相位差，因此還得乘上 $\cos\theta$，$\cos\theta$ 稱作功率因數（Power Factor）。功率因數可以用百分比來顯示。另外，$\sin\theta$ 代表無法消耗的電力，稱作無效功率（Reactive Power），無效電力 P_r 是

$$P_r = VI\sin\theta$$

單位是〔var〕。與直流電力類似，交流的 VI 稱作視在功率（Apparent Power），單位是〔V·A〕（Volt-ampere）。

---

[13]　導出這個算式的方法有些複雜，因此本書省略。

4-21 ▶ 三相交流的順序

> **?** ▶【何謂三相交流】
>
> 「三相」＝「有三個相位」＝「有三個電源」

　　擁有三種相位的交流電，稱作三相交流。**4-8** 説明過，相位代表訊號波的資料。三相交流的相位有三個，表示有三種訊號波，亦即電源有三個的交流。

　　更廣泛、使用更多電源的交流，稱作多相交流。相對來説，只有一個電源的交流，稱作單相交流。如圖 4.46 所示，若要提供單相交流的電源，需要有讓電流往返（去程與回程）共計兩條電線。

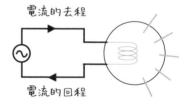

圖 4.46：單相交流需要兩條電線

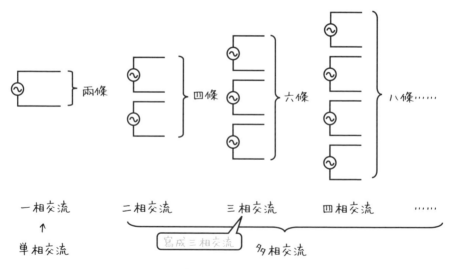

圖 4.47：多相交流的電線為相數的兩倍

　　如圖 4.47 所示，提供電源的電線數量，是相數的兩倍。例如，二相需要四條電線，三相需要六條電線，八相需要十六條電線。此外，只有一個電源的一相交流可以寫成

單相交流，三個電源通常會寫成三相交流，而不寫 3 相交流。其中，單相與三相是最常用的，因此不用阿拉伯數字寫出相數，習慣用國字的數字來書寫，當作專有名詞。

提供多相交流的電線，可以巧妙縮減。圖 4.48（a）是用一條電線整合電流回來的路徑（回程），電線的數量為「相數＋一條」。圖 4.48（b）分別各用一條線兼用電流往返（去程與回程），電線的數量就變成「相數＋一條」。不論哪種情況，三相需要四條電線，八相需要九條電線，與圖 4.47 相比，能大幅減少電線的數量。此外，看過 **4-22**、**4-23**、**4-24** 之後，可以瞭解還能再減少一條電線，讓電線的數量與相位數量一致。

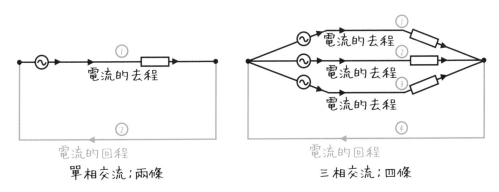

（a）將回程整合成一條

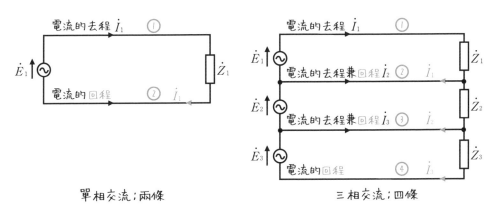

（b）一條電線兼用去程與回程

圖 4.48：「相數＋一條」可以輕鬆減少電線數量

4-22 ▶ 為何採用三相交流

❓ ▶【為何採用三相交流】
因為便宜、好做、好用等三個優點

三相交流幾乎都用來送電,原因是便宜。三相交流利用後面要介紹的方式,可以只用三條電線來送電(圖 4.49)。單相交流雖然只提供一個電源,卻需要兩條電線。三相交流有三個電源,可以用三條電線,亦即每個電源可以用一條電線來送電,所以只要用單相交流一半的電線。電線是用銅做成的,雖然提供相同的電力,但是準備三個電源,就能將銅的用量減半。

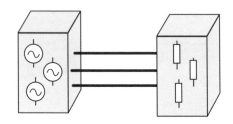

圖 4.49:只要三條電線(理由請見 4-23~4-24 説明)

問 **4-6** ▶ 一般電線桿上的電線有三條[14]。請看看窗外或出去散步確認外面電線桿數量是不是三條。

解答請見 P.203

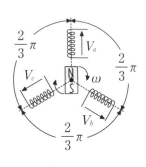

圖 4.50:作法

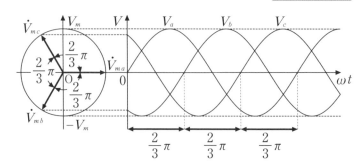

圖 4.51:圖表

若要將電線變成三條,關鍵就在將三個電源的「返回電線(回程)省略」。因此,三個電源電壓的合計必須為零。圖 4.50 顯示了簡單製作出這種三個電源的方法。以每

---

[14] 日本國內幾乎都是三條電線。

$120°\left(=\dfrac{2}{3}\pi\right)$ 旋轉線圈，讓中心的磁石轉動，就會依照 $v_a \to v_b \to v_c \to v_a$ 的順序，產生感應電動勢，如圖 4.51 所示，每 $120°\left(=\dfrac{2}{3}\pi\right)$ 相位，引起正弦波交流。這種發電機只要每 $120°$，置入三個線圈，就能製作出來，非常簡單。此外，輸入和這種交流相同構造的發電機，即可直接當作馬達使用。輸入三相交流，三個線圈會依序開啟，旋轉中心的磁石。因此，三相交流是非常容易製作、好用的電源。

如圖 4.50 所示，這種大小相等，相位為 $120°\left(=\dfrac{2}{3}\pi\right)$ 的三相交流，稱作對稱三相交流。用瞬時值來顯示為

$$v_a = \sqrt{2}\,V\sin(\omega t)、v_b = \sqrt{2}\,V\sin\left(\omega t - \dfrac{2}{3}\pi\right)、v_c = \sqrt{2}\,V\sin\left(\omega t - \dfrac{4}{3}\pi\right)$$

用向量來顯示則為

$$
\begin{cases}
\dot{V}_a = V\angle 0 & = V \\[2mm]
\dot{V}_b = V\angle\left(-\dfrac{2}{3}\pi\right) & = V\left(-\dfrac{1}{2} - j\dfrac{\sqrt{3}}{2}\right) \cdots\cdots(\text{☆}) \\[2mm]
\dot{V}_c = V\angle\left(-\dfrac{4}{3}\pi\right) & = V\left(-\dfrac{1}{2} + j\dfrac{\sqrt{3}}{2}\right)
\end{cases}
$$

畫成圖之後，如圖 4.52 所示，可以瞭解，$\dot{V}_a + \dot{V}_b$ 與 $\dot{V}_c$ 完全相反，大小一樣（亦即 $-\dot{V}_c$）。如此一來，就會變成

$$
\begin{aligned}
&\dot{V}_a + \dot{V}_b + \dot{V}_c \\
&= (\dot{V}_a + \dot{V}_b) + \dot{V}_c \\
&= (-\dot{V}_c) + \dot{V}_c = 0
\end{aligned}
$$

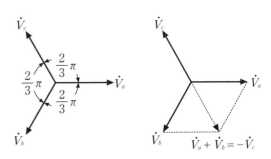

圖 4.52：對稱三相交流的向量與性質

問 4-7　請確認利用算式（☆）右邊（複數的算式）計算 $\dot{V}_a + \dot{V}_b + \dot{V}_c$，會變成 0。

解答請見 P.203

4-23 ▶ Y － Y 接線

【 Y － Y 接線 】

省略回程

下頁圖 4.54 最上面和圖 4.48（a）一樣，是把回程整合成一條的三相交流接線方法。如正中間的圖所示，將 Y 字上下顛倒，就比較容易瞭解。分別取出電源與負荷，如圖 4.53 所示，這種連接方法稱作 Y 接線。

由於加入對稱三相交流，使得返回的電流也變成對稱三相交流，合計為零的電流在公共的回程流動。以算式顯示如下

$$\dot{I}_a + \dot{I}_b + \dot{I}_c = 0$$

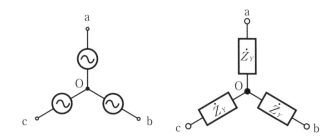

圖 4.53：**Y 接線**

這種公共回程稱作中性線，當電流為零，亦即沒有電流流動時，可以省略中性線。省略中性線後，如圖 4.54 最下方所示，可以用三條電線供給對稱三相交流。這種接線方法是在電源與負荷中，分別含有 Y 接線，因此稱作 Y － Y 接線。

那麼，該如何計算 Y － Y 接線呢？你可能會覺得好像很困難，其實計算方式和單相交流相同。如圖 4.55 所示，依照相位取出三個電源，再計算每個相位。換句話說，和單相交流一樣，只要進行下列計算即可。

$$\dot{I}_a = \frac{\dot{V}_a}{\dot{Z}} \qquad \dot{I}_b = \frac{\dot{V}_b}{\dot{Z}} \qquad \dot{I}_c = \frac{\dot{V}_c}{\dot{Z}}$$

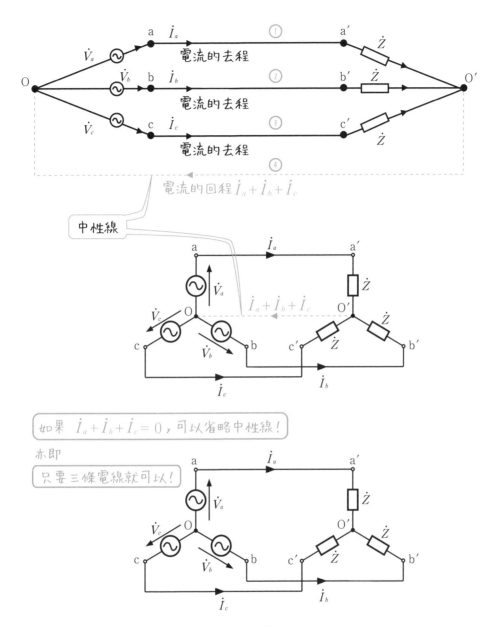

中性線

電流的回程 $\dot{I}_a + \dot{I}_b + \dot{I}_c$

$\dot{I}_a + \dot{I}_b + \dot{I}_c$

如果 $\dot{I}_a + \dot{I}_b + \dot{I}_c = 0$，可以省略中性線！

亦即

只要三條電線就可以！

圖 4.54： Y－Y 接線如果是對稱三相交流，只要三條電線即可

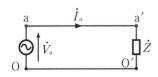
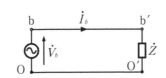
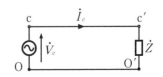

圖 4.55：只要依照各個相位取出電源，就和單相交流的計算相同！

4-24 ▶ Δ － Δ 接線

圖 4.56 的上圖與圖 4.48（b）一樣，都是去程與回程兼用的三相交流接線方法。圖 4.56 的右側圖，變成三角形之後，比較容易辨識。分別取出電源與負荷，就形成圖 4.57，透過希臘字母 Δ 來表示這種連接方法，稱作 Δ 接線。圖 4.56 的右下圖是在電源與負載中，分別含有 Δ 接線，因此稱作 Δ － Δ 接線。

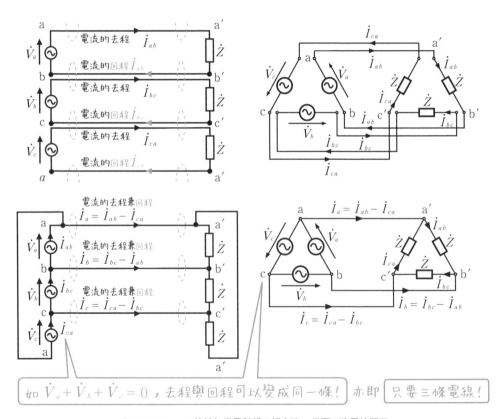

如 $\dot{V}_a + \dot{V}_b + \dot{V}_c = 0$ ，去程與回程可以變成同一條！ 亦即 只要三條電線！

圖 4.56： Δ － Δ 接線如果是對稱三相交流，只要三條電線即可

以下說明去程與回程可以兼用的結構。即使沒有對稱三相交流，如圖 4.48（b）所示，到「相位數 + 1」為止，可以減少電線的數量。但是，如果要讓圖 4.48（b）最上面的電線（只有去程）與最下面的電線（只有回程）兼用，可以像 a → b → c → a… ，形成循環一周的電路。如果加入的電壓為對稱三相交流，因為

$$\dot{V}_a + \dot{V}_b + \dot{V}_c = 0$$

圖 4.57： Δ 接線

所以閉路 [15]a → b → c 的電動勢抵銷，這個閉路沒有電流通過。即使最上面的電線與下面的電線兼用，形成閉路 a → b → c，也不會有什麼問題。因此，可以用一條電線完成所有的去程與回程，所以 Δ － Δ 接線只要共三條電線即可。如果沒有形成對稱三相交流，電流會通過這三個電源（發電機），而造成電源發熱，十分危險。

Δ － Δ 接線和 Y － Y 接線一樣，計算方式與單相交流相同。如圖 4.58 所示，只要依照各個相位取出三個電源，計算每個相位即可。換句話說，和單相交流時一樣，按照以下方式計算就可以了。

$$\dot{I}_{ab} = \frac{\dot{V}_a}{\dot{Z}} \qquad \dot{I}_{bc} = \frac{\dot{V}_b}{\dot{Z}} \qquad \dot{I}_{ca} = \frac{\dot{V}_c}{\dot{Z}}$$

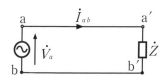
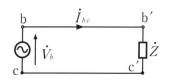
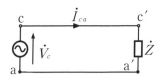

圖 4.58： 只要依照每個相位取出電源，就和單相交流的計算方式相同！

---

[15] 關於閉路的說明，請參考「2-9 克希荷夫定律 2：電壓定律」。

4-25 ▶ 相電壓、相電流、線電壓、線電流

▶【Y－Y接線的電壓、電流】

√3「相電壓」=「線電壓」　　　　「相電流」=「線電流」

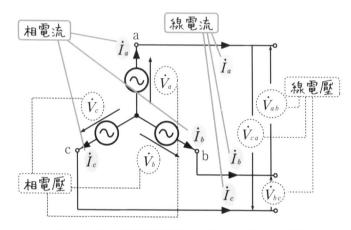

圖4.59：Y－Y接線的相電壓、線電壓、相電流、線電流

　　三相交流的電壓與電流可以分成「相」或「線」等兩種。圖4.59中，三個電源的電壓 $\dot{V}_a$、$\dot{V}_b$、$\dot{V}_c$ 是「相」之間的電壓，稱作相電壓，其大小顯示為 V_p（p是phase「相位」的縮寫）另外，$\dot{V}_{ab}$、$\dot{V}_{bc}$、$\dot{V}_{ca}$ 是「線」之間的電壓，稱作線電壓，其大小顯示為 V_l（l是line「線」的縮寫）。

　　通過三個電源的電流 $\dot{I}_a$、$\dot{I}_b$、$\dot{I}_c$ 稱作相電流，其大小顯示為 I_p。相電流直接傳過電線，同樣地，$\dot{I}_a$、$\dot{I}_b$、$\dot{I}_c$ 流過電線，就稱作線電流。如果是 Y－Y 接線，相電流與線電流一致，線電流的大小顯示為 I_l。

　　讓我們來調查相電壓與線電壓的關係，由圖4.59可以得知

$$\dot{V}_{ab} = \dot{V}_a - \dot{V}_b \qquad \dot{V}_{bc} = \dot{V}_b - \dot{V}_c \qquad \dot{V}_{ca} = \dot{V}_c - \dot{V}_a$$

只考慮一個相位，調查 $\dot{V}_{ab} = \dot{V}_a - \dot{V}_b$ 的大小，結果為圖4.60的向量圖。

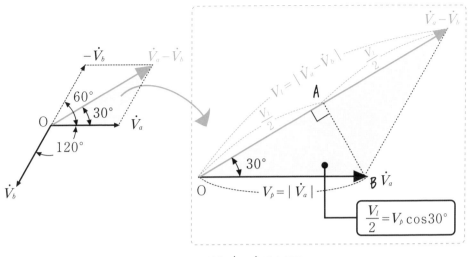

圖 4.60：計算 $\dot{V}_a - \dot{V}_b$ 的向量圖

$\dot{V}_b$ 是比 $\dot{V}_a$ 慢 120° 的向量，由於 $-\dot{V}_b$ 是 $\dot{V}_a$ 相反的向量，所以與 $\dot{V}_a$ 差 60°。$\dot{V}_a - \dot{V}_b$ 是在 $\dot{V}_a$ 加入 $-\dot{V}_b$，形成 $\dot{V}_a + (-\dot{V}_b)$，結果就變成圖中的藍色向量。把 $\dot{V}_a - \dot{V}_b$ 的長度當作 V_l，利用藍色三角形求出圖形上的長度。從點「B」開始往 $\dot{V}_a - \dot{V}_b$ 的藍色向量畫出垂直線，就會產生兩個一樣的直角三角形，把 V_l 的長度分成兩等分。

假設直角三角形「OAB」的銳角為 30°，斜邊是 $V_p = |\dot{V}_a|$，底邊為 $\dfrac{V_l}{2}$，所以

$$\frac{V_l}{2} = V_p \cos 30° \qquad \text{結果得到} \qquad V_l = \sqrt{3}\, V_p$$

換句話說，相電壓 V_p 變成 $\sqrt{3}$ 倍之後，變成線電壓 V_l。

整理上述內容，如果 Y－Y 接線時，以下關係成立。

$$I_p = I_l \qquad \sqrt{3}\, V_p = V_l$$

【（附帶一提）Δ－Δ 接線的電壓、電流】

「相電 」＝「線間電 」 $\sqrt{3}$「相電流」＝「線電流」

這裡省略詳細說明，但是如果是 Δ－Δ 接線，以下算式成立。

$$\sqrt{3}\, I_p = I_l \qquad V_p = V_l$$

4-26 ▶ Y－△ 轉換

❓【假設 Y 與 △ 不同】

只要轉換即可。　　$\dot{Z}_Y = \dfrac{1}{3}\,\dot{Z}_\triangle$　或　$3\,\dot{Z}_Y = \dot{Z}_\triangle$

在 Y－Y 接線與 △－△ 接線中，逐一取出每個相位，就能進行和單向交流一樣的計算。如圖 4.61 所示，電源為 △ 接線，負荷為 Y 接線時，會變成如何？事實上，如果負荷全都為 $\dot{Z}$，Y 接線或 △ 接線彼此就能輕易交換。利用這一點，將負荷從 Y 接線變成 △ 接線，當作 △－△ 接線來計算，就很簡單了。

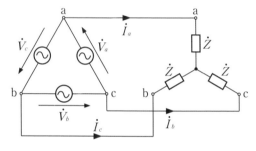

圖 4.61：該如何計算？

接著讓我們來思考，如果要讓圖 4.62 的 Y 接線與 △ 接線，變成執行相同功用的負荷，該如何換算 $\dot{Z}_Y$ 與 $\dot{Z}_\triangle$。不論從 ab 之間、ba 之間或從 ca 之間檢視全都對稱，所以能獲得相同結果。

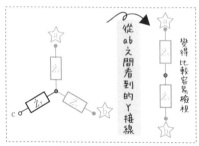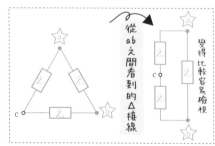

圖 4.62：Y－△ 轉換

接下來，調查 ab 之間的狀態。請利用圖 4.62 右邊，轉換成比較容易計算、檢視的圖示來思考這個問題。假設 Y 接線是從 a 到 b，垂直連接兩個 $\dot{Z}_Y$，阻抗如以下算式。

$$2\,\dot{Z}_Y$$

然而，△ 接線是在 a 與 b 之間，並聯「串連兩個 $\dot{Z}_\triangle$ 的結果」與「一個 $\dot{Z}_\triangle$」，所以阻抗如以下算式[16]。

$$\frac{(2\,\dot{Z}_\triangle)\cdot\dot{Z}_\triangle}{(2\,\dot{Z}_\triangle)+\dot{Z}_\triangle} \;=\; \frac{(2\,\dot{Z}_\triangle^2)}{(3\,\dot{Z}_\triangle)} \;=\; \frac{2}{3}\,\dot{Z}_\triangle$$

如果相等，就會進行相同作用，變成 $2\,\dot{Z}_Y = \dfrac{2}{3}\,\dot{Z}_\triangle$ 換句話說，可以換算成

$$\dot{Z}_Y \;=\; \frac{1}{3}\,\dot{Z}_\triangle \quad 或 \quad 3\,\dot{Z}_Y = \dot{Z}_\triangle$$

● 例   在圖 4.61 的對稱三相交流的電路中，當 $V = 120$ V、$Z = 5\,\Omega$ 時，請計算出電流 I〔A〕。

答   如果要將負荷從 Y 接線轉換成 △ 接線，根據 $\dot{Z}_\triangle = 3\,\dot{Z}_Y$，只要將 Y 接線的阻抗變成三倍即可。因此如圖 4.63 所示，變成執行和下列公式相同作用的 △ 接線阻抗大小 $\dot{Z}_\triangle$。

$$\dot{Z}_\triangle = 3 \cdot 5\,\Omega = 15\,\Omega$$

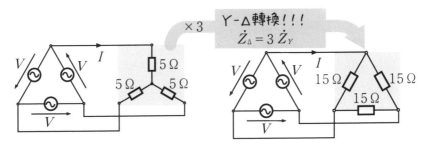

圖 4.63：Y－△ 轉換

這樣就可以用 △－△ 接線來思考了。只取出一個相位，利用圖 4.64，計算電流 I 即可。因此，算式如下。

$$I = \frac{V}{Z} = \frac{120}{15}\,\text{A} = 8\,\text{A}$$

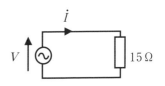

圖 4.64：如果只有一個相位，如上所示

---

[16] $\dot{Z}_1$ 與 $\dot{Z}_2$ 串聯時，合成阻抗為 $\dot{Z}_1 + \dot{Z}_2$；若是並聯，則變成 $\dfrac{\dot{Z}_1\,\dot{Z}_2}{\dot{Z}_1 + \dot{Z}_2}$。合成阻抗的計算方法全都一樣。

4-27 ▶ 三相電力

在 **4-20** 學過，交流電壓 V、電流 I、相位差 θ 的消耗電力 P_1 是

$$P_1 = V I \cos \theta$$

這種單向交流的電力 P_1 稱作單相電力。相對來說，三項交流消耗的電力稱為三相電力。

▶【三相電力】

以相來看，有三個相位　　$P_3 = \mathbf{3} \, V_p I_p \cos\theta = \mathbf{3} \, P_1$

　　　　　　　　　　　　　　以相（phase）來看，有三個相位

以線來看，為√3倍　　　　$P_3 = \sqrt{3} \, V_l I_l \cos\theta$

　　　　　　　　　　　　　　以線（line）來看，為√3倍

　　請用圖 4.65 的三相交流計算三相電力。假設線電壓為 V_l，線電流為 I_l，相電壓為 V_p，相電流為 I_p。接線方法不論 Y 接線或 Δ 接線，結果都一樣。三相電力 P_3，是三個負荷消耗的電力合計，因此是

$$P_3 = 3 \, P_1$$

P_1 是一個相位的消耗電力，

$$P_1 = V_p I_p \cos \theta$$

請注意，上面算式的電壓與電流是使用「相」來檢視的結果。因此，三相電力的算式如下。

$$P_3 = 3 \, V_p I_p \cos \theta \quad （相）$$

　　在算式（相）中，以相電壓及相電流代表電力。實際上，如果要用電壓計或電流計測量相電壓或相電流時，必須更改負荷中的接線連接方式，非常麻煩。馬達這種轉動的機器，不可能在運轉中改變連接方法。因此，請用線電壓與線電流來表示三相電力。

負荷為 Y 接線時　由於 $V_p = \dfrac{V_l}{\sqrt{3}}$、$I_p = I_l$

所以 $P_3 = 3\ V_p\ I_p \cos\theta = 3 \cdot \dfrac{V_l}{\sqrt{3}}\ I_l \cos\theta = \sqrt{3}\ V_l\ I_l \cos\theta$ [*17]

負荷為 Δ 接線時　由於 $V_p = V_l$、$\sqrt{3}\ I_p = I_l$　所以　$I_p = \dfrac{I_l}{\sqrt{3}}$

因此 $P_3 = 3\ V_p\ I_p \cos\theta = 3 \cdot V_l\ \dfrac{I_l}{\sqrt{3}}\ \cos\theta = \sqrt{3}\ V_l\ I_l \cos\theta$

總而言之，負荷不論是 Y 接線或 Δ 接線，三相電力的算式如下。

$$P_3 = \sqrt{3}\ V_l\ I_l \cos\theta \qquad (\text{電線})$$

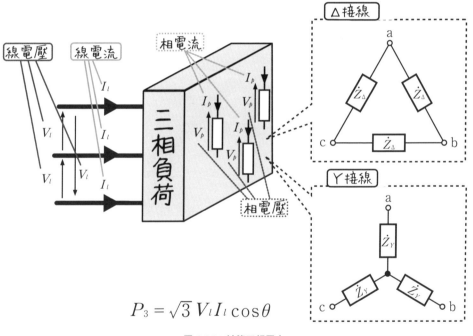

$$P_3 = \sqrt{3}\ V_l I_l \cos\theta$$

圖 4.65：計算三相電力

[*17] 由於 $3 = \sqrt{3} \cdot \sqrt{3}$ 所以 $\dfrac{3}{\sqrt{3}} = \dfrac{\sqrt{3} \cdot \sqrt{3}}{\sqrt{3}} = \sqrt{3}$

第 4 章　練習題

【1】假設電壓的瞬時值為 $v = 100\sqrt{2}\sin 120\pi t$〔V〕の，請計算出以下各個值。

(1)最大值　(2)平均值　(3)有效值　(4)角頻率　(5)頻率　(6)週期

【2】假設 RL 串聯電路的 $R = 6\,\Omega$、$\omega L = 8\,\Omega$，請計算出阻抗。

【3】承上題，在 RL 串聯電路加上 10V 的電壓時，請以直角座標表示法計算通過電路的電流。

另外，請一併算出功率因數與有效電力。

【4】請以向量的加法確認三相交流的三個電壓總和為 0。

【5】如右圖所示，$V = 200V$ 時，請計算電流 I。另外，假設功率因數為 1，請計算三相電力。

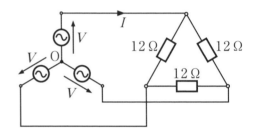

解答請見 P.203～P.206

〰 COLUMN　史坦梅茲

本文中（4-15 記號法 3：複數的應用範圍）曾經提及，發明記號法的史坦梅茲是愛迪生的學生，可是感覺他的知名度比愛迪生低。

愛迪生因為發明了燈泡而一舉成名。不僅如此，他對燈泡的插座與供電系統等週邊環境設備也有貢獻。可是，愛迪生規劃的供電系統是以直流電的方式執行。依照當時的技術，直流要增減電壓非常困難，因此導致低電壓通過大電流，造成大量電力損失。經過史坦梅茲的努力，才讓電力損失較少的交流供電系統變得普及。現在家家戶戶都可以理所當然地使用電力，得歸功於他。

測電

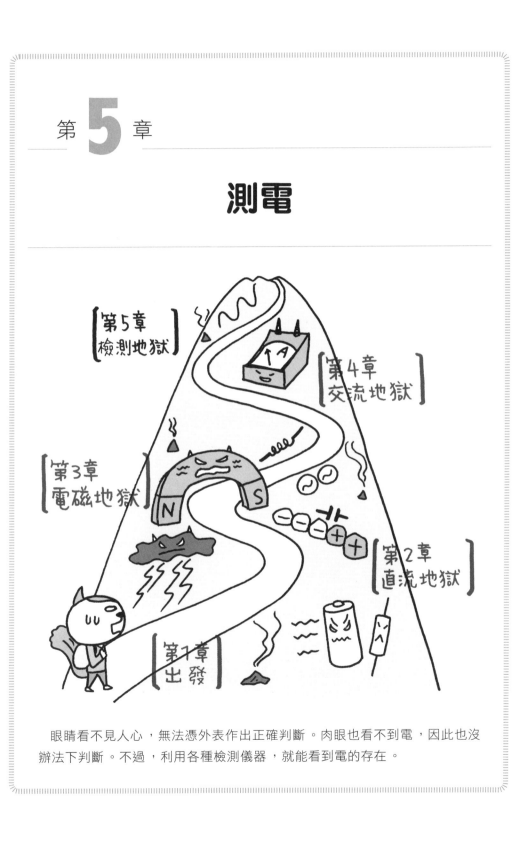

眼睛看不見人心，無法憑外表作出正確判斷。肉眼也看不到電，因此也沒辦法下判斷。不過，利用各種檢測儀器，就能看到電的存在。

5-1 ▶ 各種測量儀器

▶【眼睛看不到電卻可以】

透過指針擺動來判斷。

因為肉眼看不見電,所以測量電壓或電流時,必須想辦法讓眼睛看到。所以這個單元要學習如何測電。

以下要說明,將電流轉換成力,使指針擺動的指針型電錶。這裡利用了彈簧的性質來做說明。圖 5.1 是在彈簧吊掛各種重量,往下延伸的樣子。當重量愈重,亦即拉扯的力量愈強時,彈簧延伸的長度愈長 [1]。

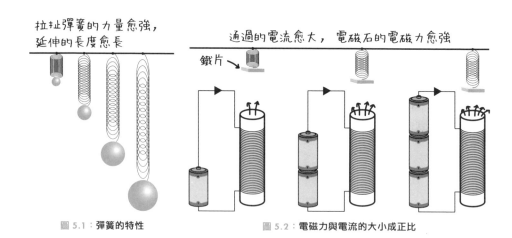

拉扯彈簧的力量愈強,
延伸的長度愈長

通過的電流愈大, 電磁石的電磁力愈強

鐵片

圖 5.1:彈簧的特性　　　　圖 5.2:電磁力與電流的大小成正比

利用這種特性,如圖 5.2 所示,在彈簧下方放置鐵片,以電磁石吸引鐵片。電流愈大,電磁石的作用愈強,所以彈簧會隨著電流大小而伸縮。看見彈簧伸縮的樣子,即可判斷電流的強弱。另外,在鐵片裝上指針,並且加上刻度,可以從彈簧延伸的長度算出彈簧上的作用力,再換算成電流即可。

---

[1]　更精準的說法是虎克定律(Hooke's Law)。

接下來，要介紹兩種測量儀器，並且說明這些測量儀器如何測量電力。首先，請見圖 5.3，這是永久磁石可動線圈型電錶。顧名思義，這種電錶的結構是，兩側有永久磁石，線圈會在中間轉動。當要測量的電流通過線圈時，兩側磁石之間會產生電磁力，使指針擺動，對下面的漩渦狀彈簧施力，指針會停在彈簧的相斥力與電磁力達到平衡的位置。

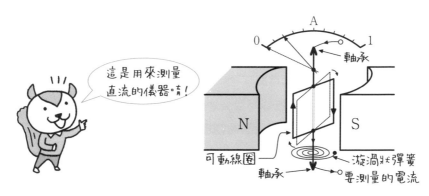

圖 5.3：永久磁石可動線圈型電錶

　　圖 5.4 是可動鐵片型電錶。按照圖 5.2 的說明，利用鐵片與電磁石之間產生的「相吸力」來移動鐵片。真正的可動鐵片型電錶是利用兩個鐵片的相斥力來測電。在兩個鐵片周圍放置電磁石，產生磁化現象，利用兩個鐵片的相斥力讓指針擺動。

　　永久磁石可動線圈型電錶是用來測量直流電，可動鐵片型電錶是測量交流電。

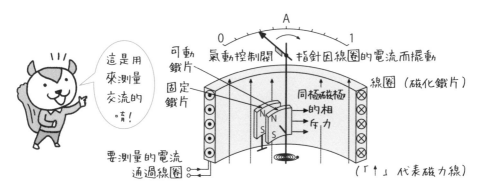

圖 5.4：可動鐵片型電錶

5-2 ▶各種測量法

> ？▶【直接測量是否適合】
>
> **讀取刻度：直接測量法**
>
> **經過計算得到結果：間接測量法**

　　檢流計的符號用的是電流的單位 A（安培），寫成 Ⓐ，而電壓計的符號是使用電壓的單位 V（伏特），寫成 Ⓥ。檢流計是利用刻度來測量電流，電壓計是利用刻度來測量電壓。

　　這種直接用儀器取得測量數據的方法，稱作直接測量法。

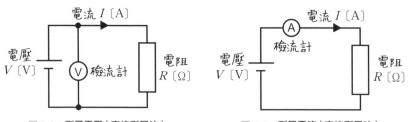

圖 5.5：測量電壓（直接測量法）　　　　　　圖 5.6：測量電流（直接測量法）

　　然而，利用儀器取得的數據，計算出不同量的方法，稱作間接測量法。如圖 5.7 所示，以檢流計及電壓計檢測電流 I〔A〕與電壓 V〔V〕，根據歐姆定律

$$R = \frac{V}{I}$$

可以計算出電阻 R〔Ω〕的值。

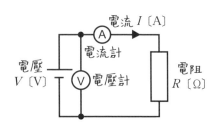

圖 5.7：測量電阻（間接測量法）

【要看哪裡的刻度】

指針擺動再檢視刻度：位移測量法

指針歸零再測量：零位測量法

圖 5.8 是使用體重計測量體重的情形，體重計是直接用刻度顯示出體重（重量）。體重計在沒有放上任何東西時，基準為 0kg。這種以零為基準，以刻度看出指針擺動變化的測量方法，稱作位移測量法。

另一方面，圖 5.9 是使用上皿天秤測量重量的情形。上皿天秤的測量方法是，讓受測物體的重量與加上的重量相等，使指針顯示為零。此時，加上的重量就成為測定值。這種以物體為參考基準，讓指針顯示為零的測量方法，稱作零位測量法。

圖 5.8：體重計（位移測量法）　　圖 5.9：上皿天秤（零位測量法）

位移測量法幾乎都用在測量電的儀器上。檢流計與電壓計都是利用位移測量法來做測量。使用零位測量法來測量電力的方式中，最有名的是，惠斯登電橋（Wheatstone bridge）[2]。圖 5.11 中，改變可變電阻 R_Y〔Ω〕，當檢流計的指針歸零時，可以利用以下算式計算出未知電阻 R_X〔Ω〕。

$$R_X = \frac{R_Z}{R_W} R_Y$$

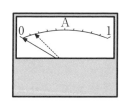

圖 5.10：檢流計（位移測量法）

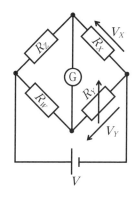

圖 5.11：惠斯登電橋（零位測量法）

*2　請參考「**2-11** 惠斯登電橋」

5-3 ▶ 測定量的處理方法：
有效數字與誤差

❓ ▶【有效數字】

究竟有何意義。

圖 5.12 是使用體重計來測量體重的情形，右邊是放大刻度的圖示。此時，體重計的指針介於 10 與 12 之間。

換句話說，可以得知：

10kg < 體重 < 12kg

這個體重計最小的刻度是整數，因此小數點第一位的測定值必須由測量者自行判斷。筆者判斷這個測定值是

11.2kg

因為可以讀取比最小刻度還小一位數的數值，所以可能有人會認為是 11.1kg 或 11.3kg。這些數值沒有對錯，由測量者自行判斷。

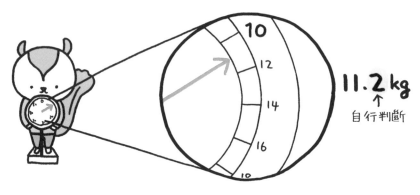

圖 5.12：測量體重與有效數字

若將測量的體重 11.2kg 顯示成以下這樣，會變得如何？

11.2000 kg

是否感覺有點奇怪？明明刻度是整數，為什麼會知道小數第四位是零呢？此種顯示方法很明顯是錯誤的。這個體重計低於小數第二位以下的數值完全沒有意義，因此不會測量到如此精密。

測量的數值會隨著顯示方法而變成是否具有意義的數字。剛開始顯示的 11.2kg 全都是有意義的數字，而 11.2000kg 最後的 000 都是沒有意義的數字。此外，有意義的數字稱作有效數字，有效數字有多少位數，稱作有效位數。如果顯示為 11.2kg，有效位數就是 3。

問 5-1 以下數值的有效位數是多少？

(1)3.14　　(2)3.1415　　(3)3.141592　　(4)3.1415926535

解答請見 P.207

▶【誤差】

與基準的差異

在超市購買 200g 的豬肉，包裝上記載著 200g，可是用家裡的電子秤測量，卻只有 198g，少了 2g。這裡顯示的基準量稱作真值或表值，與實際測定值的差異稱作誤差，算式表示如下。

（誤差）=（測定值）-（真值）

以豬肉為例，誤差是

（誤差）=（測定值）-（真值）= 198 g - 200 g = - 2 g

真值與誤差的比率稱作誤差率，用以下算式表示。

$$（誤差率）= \frac{（誤差）}{（真值）} = \frac{（測定值）-（真值）}{（真值）}$$

以豬肉為例，結果如下。

$$（誤差率）= \frac{（誤差）}{（真值）} = \frac{-2 \text{ g}}{200 \text{ g}} = -0.01 = -1\%$$

5-4 ▶ 分流器、倍壓器

 ▶【分流器】

充分運用檢流計，利用電阻來引導電流。

　　我們先打個比方。和圖 5.13 一樣，過去有個村落位於經常氾濫的河川旁，這條河川只能通過 1A 的水量。可是，大雨一來，水量最大可達 5A。村民該怎麼做，才能防止河川氾濫？

　　解決對策之一就是開鑿運河。如圖 5.14 所示，只要避開村落，建設可以通過 4A 水量的運河，即可避免河水氾濫。

圖 5.13：只能通過 1A 的河川

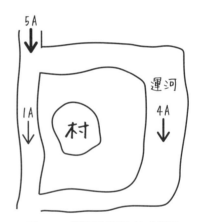

圖 5.14：建設可以通過 4A 的運河

　　將這個解決方法應用在檢流計上。只能測量 1A 的檢流計，如何才能測量 5A 的電流？此時，如圖 5.15 所示，並聯電阻 r_s〔Ω〕，調整 r_s〔Ω〕，讓 1A 的電流通過檢流計，4A 的電流通過 r_s〔Ω〕，就能將 1A 的檢流計擴充成測量 5A 的儀器。這種可以增加檢流計測量範圍的 r_s〔Ω〕，稱作分流器。

請思考一下，此時分流器的電阻 r_s〔Ω〕應該是多少。假設檢流計原本的內部電阻為 $r_a = 1\,Ω$，根據歐姆定律，檢流計兩端的電壓 V_s〔V〕為

$$V_s = 1\,A \cdot r_a = 1\,A \cdot 1\,Ω = 1\,V$$

接著 r_s〔Ω〕有 4A 電流通過，加上 $V_s = 1V$ 的電壓，根據歐姆定律

$$r_s = \frac{V_s}{4\,A} = \frac{1\,V}{4\,A} = 0.25\,Ω$$

就能決定分流器的電阻大小。

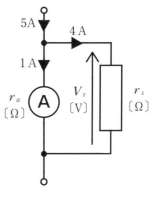

圖 5.15：讓電流通過分流器

❓▶【倍壓器】

充分運用電壓表，利用電阻來分散電壓

如同分流器可以擴充檢流計的測定範圍，利用電阻也能增加電壓計的檢測範圍。此時，用來分散電壓的電阻稱作倍壓器。

如圖 5.16 所示，假設有一個可以測量 1V 的電壓計，電壓計的內部電阻是 $r_a = 100\mathrm{k}\,Ω$。如何利用倍壓器讓電壓計可以測量到 10V？請見以下說明。首先，倍壓器 r_s 與電壓表串聯，為了在倍壓器中加上 $10V - 1V = 9V$ 的電壓，必須決定 r_s〔Ω〕的值。

根據歐姆定律，通過電壓表的電流 I_s〔A〕是

$$I_s = \frac{1\,V}{r_a} = \frac{1\,V}{100\,\mathrm{k}\,Ω} = 0.01\,\mathrm{mA}$$

由於電流 I_s〔A〕也會通過倍壓器，根據歐姆定律，

$$r_s = \frac{V_s}{I_s} = \frac{9\,V}{0.01\,\mathrm{mA}} = 900\,\mathrm{k}\,Ω$$

因此可以決定倍壓器的電阻。

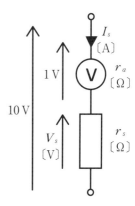

圖 5.16：用倍壓器分散電壓

5

測電

第 5 章　練習題

【1】位移測量法與零位測量法之中，精密度比較高的測量方法是哪一種？理由是什麼？

提示 讓指針擺動需要能量

【2】位移測量法與零位測量法之中，可以輕易完成測量的是哪一種？

提示 體重計與上皿天秤

【3】在超市購買標示為 100g 的蜆仔，回家用電子秤測量，重量為 102g，請計算誤差與誤差率。

【4】在超市購買標示為 1.5V 的電池。回家用電壓計測量，電壓為 1.67V，請計算誤差與誤差率。

【5】內部電阻為 2 Ω，接上可以測量 5A 的電壓型分流器，若想測量 10A，請計算分流器的電阻值。

解答請見 P.207~P.208

≋ COLUMN　**試味道與測量的行為**

烹調料理時，一般都會試味道吧！料理的分量比較多時，可以不用在意試味道的次數。但是，若只做一點點分量，卻試太多次味道，結果料理的量就會不夠了。

這竟然成為意想不到的盲點，測量這種行為一定會讓受測者產生變化。和試味道的道理一樣，例如測量電流時，電流通過檢流計，讓指針擺動。此時，電磁力會消耗能量，因而抑制通過的電流。

測量時帶來的影響，只會讓原本的狀態產生極小變化，這樣測量的結果才有意義。

第 **6** 章

過渡現象、非正弦波交流

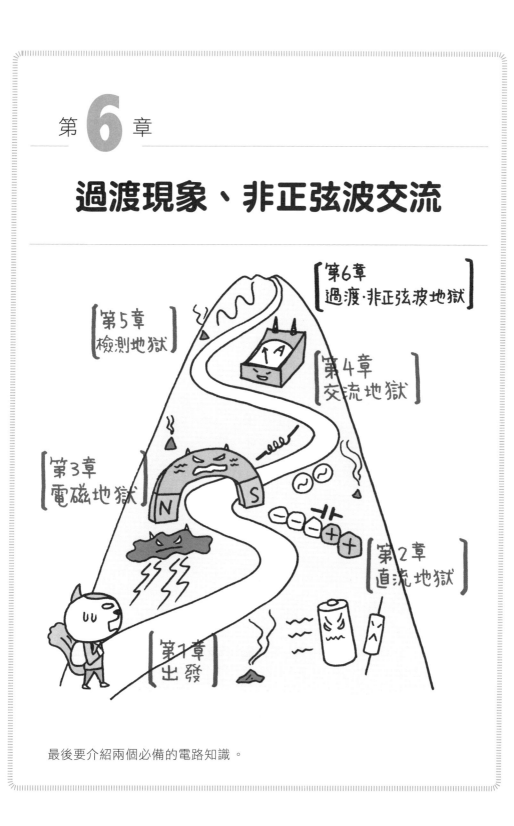

最後要介紹兩個必備的電路知識。

6-1 ▶ 何謂過渡現象

▶【過渡現象】

到穩定之前,中途產生的現象。

　　打開照明開關的瞬間,屋內霎時變得光明。但是,真的是一瞬間就啟動電力嗎?事實上並非如此。一般開啟電源開關之後,到呈現穩定狀態為止,會產生各種現象,可是我們用肉眼很難察覺。

　　由於電是無形的,很難想像,所以就改用自行車來思考這個問題吧!如圖 6.1 所示,請想一想自行車從停止狀態到加速至一定速度的過程吧!停止狀態的自行車不可能在瞬間達到某種速度,自行車的速度一定是逐漸增加的。

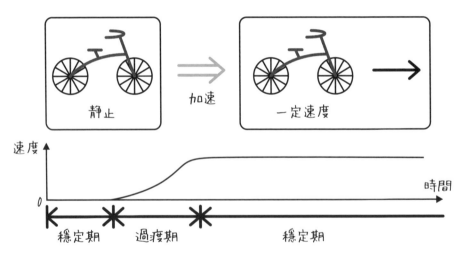

圖 6.1:自行車達到一定速度為止

　　圖 6.1 的自行車下方,繪製了自行車從靜止狀態(速度 0)到加速至一定速度的圖示。這個圖的左(速度 0)右(一定速度)是速度保持固定的狀態。這種期間稱作穩定期,然而此圖的正中央顯示出,速度逐漸增加,從某一穩定狀態轉變成其他穩定狀態,這種期間就稱作過渡期。

在過渡期出現的現象稱作 過渡現象。電的世界也會遇到各種過渡現象。與自行車這個例子最接近的是發電機。如圖 6.2 所示，假設用自行車轉動發電機[1]。

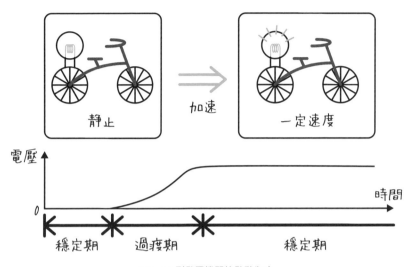

圖 6.2：到發電機開始發動為止

剛開始靜止的發電機輸出的電壓是 0V，接著啟動發電機，加速到產生一定電壓為止。發電機無法在瞬間獲得轉動速度，因此在達到一定的電壓之前，電壓會逐漸上升。就像圖 6.2 下方的圖表，發電機的輸出電壓會出現從電壓 0V 的穩定狀態轉換到另一穩定狀態的過渡期。

問 6-1 輸出量大的發電機與輸出量小的發電機相比，哪個啟動時的過渡期比較長？

解答請見 P.208

---

[1] 其實應該使用火力發電或水力發電的圖示，但是為了讓你瞭解身邊的過渡現象，所以舉了以自行車發電的例子。

6-2 ▶ 電容器的過渡現象

> **?** ▶【電容器的過渡現象】
>
> **充電需要時間。**

　　這裡要討論在電容器加入直流電壓時，會引起何種現象。在電容器加入電壓，會儲存電力，開始充電，但是到充飽電之前，會產生過渡現象。

　　如圖 6.3 所示，串聯電容器 C〔F〕與電阻 R〔Ω〕，並且開啟開關。電容器的電壓 V_C〔V〕並非瞬間達到電源的電壓 V〔V〕，而是逐漸接近 V〔V〕[2]。

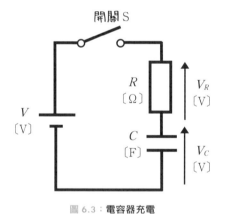

圖 6.3：電容器充電

　　圖 6.4 將 V_C〔V〕的過渡現象顯示成圖表。打開開關時，V_C〔V〕逐漸上升，接近電源的電壓 V〔V〕。從這一點可以得知，打開開關，經過 t〔s〕後的 V_C〔V〕可以用以下算式表示[3]。

$$V_C = \left(1 - \varepsilon^{-\frac{t}{RC}} \right) V$$

---

[2]　但是，剛開始電容器是沒有充電的狀態（ $V_C = 0$〔V〕）。

[3]　這個算式是從克希荷夫電壓定律導出 $V = V_C + V_R$ 的關係，以微分方程式的形式分解出來的。

ε 是自然對數的底，而且 $\varepsilon = 2.71828\cdots$。

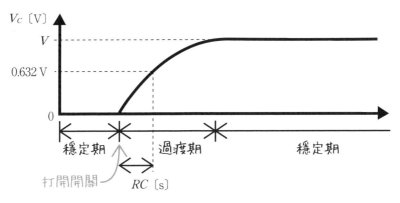

圖 6.4：電容器的過渡現象

打開開關之後，經過 RC〔s〕[4]，也就是 $t = RC$ 的時候，

$$V_C = \left(1 - \varepsilon^{-\frac{RC}{RC}}\right)V = (1 - \varepsilon^{-1})V = \left(1 - \frac{1}{2.71828\cdots}\right)V = 0.632\ V$$

換句話說，$t = RC$〔s〕是電容器的電壓 V_C〔V〕變成電源電壓的 0.632 倍時，所花的時間。這是電容器充電的時間標準，稱作時間常數。

● **例**　RC 串聯電路且 $R = 1$ k Ω、$C = 100$ μF 的時候，請計算出時間常數。

答　$RC = (1 \times 10^3) \times (100 \times 10^{-6})$

$\qquad = 1 \times 100 \times 10^{3-6}\,\mathrm{s}$

$\qquad = 100 \times 10^{-3}\,\mathrm{s}$

$\qquad = 0.1\ \mathrm{s}$

---

[4] 電阻 R〔Ω〕與電容器 C〔F〕相乘值的單位是 s（秒），請試著換算單位。根據歐姆定律，$\Omega = \dfrac{\mathrm{V（伏特）}}{\mathrm{A（安培）}}$。而且靜電電容的關係是 $Q = CV$，所以 $\mathrm{F} = \dfrac{\mathrm{C（庫倫）}}{\mathrm{V（伏特）}}$ 因此

$\Omega \cdot \mathrm{F} = \dfrac{\mathrm{V}}{\mathrm{A}}\dfrac{\mathrm{C}}{\mathrm{V}} = \dfrac{\mathrm{C}}{\mathrm{A}}$

由於 $Q = It$ 所以 C（庫倫）= A（安培）· s（秒）因此

$\Omega \cdot \mathrm{F} = \dfrac{\mathrm{C}}{\mathrm{A}} = \dfrac{\mathrm{As}}{\mathrm{A}} = \mathrm{s}$

6-3 ▶ 何謂非正弦波交流

 ▶【非正弦波交流】

不是正弦波交流,但是有週期。

　　在第 4 章的交流電路中,曾經出現如圖 6.5 的波形。發電廠產生的電力會變成這種正弦波交流電壓。可是經過實際的裝置後,正弦波會扭曲變形。以下要簡單介紹非正弦波交流及處理方法。

波形整齊

圖 6.5:**正弦波交流**

　　如圖 6.6 所示,在鐵心捲繞線圈,加上正弦波交流電壓 v〔V〕。通過的電流 i〔A〕如圖 6.7 所示,變成與正弦波交流不同的波形。這是因為鐵心帶有磁滯特性所引起。現實世界的電路,常有這種波形扭曲的情況。

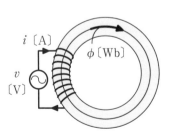

圖 6.6:**在加入鐵心的線圈中,施加正弦波交流電壓**

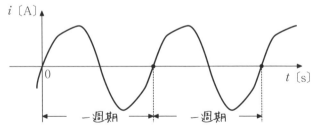

圖 6.7:**電流成為非正弦波交流**

仔細觀察圖 6.7 的電流 i〔A〕，可以發現有著一定的規律。波形雖然扭曲，卻維持一定週期。這種即是不是正弦波交流，也有著一定週期的交流，稱作非正弦波交流或變形波交流。

> **？▶【傅立葉級數（Fourier Series）】**
>
> **各種頻率的正弦波交流總和 = 非正弦波交流**

傅立葉對非正弦波交流進行過詳細調查，結果發現加上各種頻率的正弦波交流時，可以產生非正弦波交流。所謂各種頻率是指，只要是基本頻率的整數倍都可以。這種正弦波交流相加的結果，就稱作傅立葉級數（Fourier Transform）。

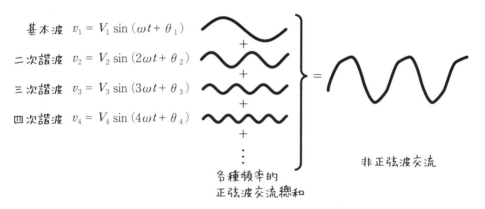

圖 6.8：非正弦波交流的形成（示意圖）

正弦波交流的頻率是非正弦波交流的來源，其中最低頻率的波形稱作基本波，頻率 2 倍的波形稱作二次諧波，基本波的 n 倍頻率稱作 n 次諧波。

6-4 ▶ 非正弦波交流的處理方法

> **？** ▶【不容易處理】
>
> **與正弦波交流類似。**

　　非正弦波交流的處理非常麻煩，因為正弦波交流大量重疊，資料量非常多。各頻率的正弦波交流至少需要最大值及相位等兩種資訊，若到三次諧波，需要以下六種資料。

> 基本波的最大值、相位
>
> 二次諧波的最大值、相位
>
> 三次諧波的最大值、相位

　　只要擁有這些資料，就可以準確顯示非正弦波交流，可是不見得都要知道。只要得知代表非正弦波交流的值，即可大致掌握非正弦波交流的性質。

　　非正弦波交流與正弦波交流一樣，可以計算出平均值與有效值。計算方法本書不做說明，但是在表 6.1 列出各種波形的平均值與有效值。

　　從這種平均值與有效值之中，可以導入兩種突顯非正弦波交流特色的值。第一是代表非正弦波交流的凹凸起伏及平滑度的波形率，可以用以下算式表示。

$$波形率 = \frac{有效值}{平均值}$$

　　另一個是波高率，代表非正弦波交流的尖銳度，計算公式如下。

$$波高率 = \frac{最大值}{有效值}$$

　　根據表 6.1 所示，假設正弦波交流的波高率是 1.41，三角波的波高率是 1.73，因此可以判斷三角波比正弦波交流更尖銳。

表 6.1：各種波形的平均值、有效值、波形率、波高率

名稱	波形	平均值	有效值	波形率	波高率
正弦波		$\dfrac{2V_m}{\pi}$	$\dfrac{V_m}{\sqrt{2}}$	$\dfrac{\pi}{2\sqrt{2}} = 1.11$	$\sqrt{2} = 1.41$
全波整流波		$\dfrac{2V_m}{\pi}$	$\dfrac{V_m}{\sqrt{2}}$	$\dfrac{\pi}{2\sqrt{2}} = 1.11$	$\sqrt{2} = 1.41$
半波整流波		$\dfrac{V_m}{\pi}$	$\dfrac{V_m}{2}$	$\dfrac{\pi}{2} = 1.57$	2
方形波		V_m	V_m	1	1
三角波		$\dfrac{V_m}{2}$	$\dfrac{V_m}{\sqrt{3}}$	$\dfrac{2}{\sqrt{3}} = 1.15$	$\sqrt{3} = 1.73$
鋸齒波		$\dfrac{V_m}{2}$	$\dfrac{V_m}{\sqrt{3}}$	$\dfrac{2}{\sqrt{3}} = 1.15$	$\sqrt{3} = 1.73$

6
過渡現象、
非正弦波交流

第 6 章　練習題

【1】假設 RC 串聯電路的 $R = 20\,k\,\Omega$、$C = 10\,\mu F$，請計算出時間常數。

【2】表 6.1 的波形中，最尖銳的是哪一種？理由是什麼？

解答請見 P.208

COLUMN　**吸塵器產生的過渡現象**

請想想出現在你生活周遭的過渡現象。我想你應該有過這種經驗，打開室內照明，插上吸塵器的插頭，開啟電源，設定為最大吸力，有一瞬間，感覺室內的照明好像變暗了。

這是一種明顯的過渡現象。吸塵器的馬達要運轉到一定速度之前，會通過極大的電流。而馬達的大電流也會通過照明用的電線。電線中的小電阻因為大電流而造成電壓降，使得供給照明的電壓下降而變暗。

雖然只有一瞬間，但是在馬達進入穩定狀態的過渡期，會引發顯著的過渡現象。

問題解答

可以回答出正確解答嗎？

如果不知道答案
請見這裡的詳細説明

問題解答

問 1-1 元氣、氣力、勇氣、氣色

問 1-2 $-1.602 \times 10^{-19} \times 3\,C = -4.806 \times 10^{-19}\,C$

問 1-3 （1）0.1 mg （2）100 kg （3）3.5 kg （4）35 kg

問 1-4 $I = \dfrac{Q}{t} = \dfrac{3}{0.5}\,A = 6\,A$

問 1-5 將 $I = \dfrac{Q}{t}$ 變形之後，成為 $Q = It$。因此 $Q = It = 0.1\,A \times 20\,s = 2\,C$

問 1-6

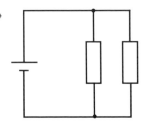 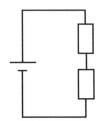

EXESRCISES 　　第 1 章　練習題解答

【1】 $1.602 \times 10^{-19} \times 100\,A = 1.602 \times 10^{-19} \times 10^{2}\,A$
$$= 1.602 \times 10^{-19+2}\,A$$
$$= 1.602 \times 10^{-17}\,A$$

【2】 首先，通過的電荷量是 $Q = It = 1\,A \times 1\,s = 1\,C$。
此外，每個電子擁有 $1.602 \times 10^{-19}\,C$ 大的電荷（只考量大小，故省略 ± 符號）。
因此，通過 1C 的電荷代表有

$$\frac{1}{1.602 \times 10^{-19}}\ 個 = 6.242 \times 10^{18}\ 個的電子移動。$$

第 2 章

問題解答

問 2-1 $I = \dfrac{V}{R} = \dfrac{10}{100}$ A $= 0.1$ A

問 2-2 $I = \dfrac{V}{R} = \dfrac{2}{10 \times 10^3}$ A $= \dfrac{2}{10} \times 10^{-3}$ A $= 0.2 \times 10^{-3}$ A $= 0.2$ mA

問 2-3 $V = IR = 50 \times 10^{-3} \times 100$ V $= 50 \times 100 \times 10^{-3}$ V

$\quad = 5000 \times 10^{-3}$ V $= 5 \times 10^3 \times 10^{-3}$ V $= 5 \times 10^{+3-3}$ V

$\quad = 5 \times 10^0$ V $= 5 \times 1$ V $= 5$ V

問 2-4 $V = IR = 1 \times 10^{-3} \times 5 \times 10^3$ V $= 5 \times 10^{-3} \times 10^3$ V

$\quad = 5 \times 10^{-3+3}$ V $= 5 \times 10^0$ V $= 5 \times 1$ V $= 5$ V

問 2-5 $V = IR = 1 \times 10^{-6} \times 100 \times 10^3$ V

$\quad = 1 \times 100 \times 10^{-6} \times 10^3$ V

$\quad = 100 \times 10^{-6+3}$ V $= 1 \times 10^2 \times 10^{-3}$ V $= 1 \times 10^{2-3}$ V

$\quad = 1 \times 10^{-1}$ V $= 0.1$ V

問 2-6 $V = IR = 0.1 \times 10^{-6} \times 1 \times 10^6$ V $= 0.1 \times 1 \times 10^{-6} \times 10^6$ V

$\quad = 0.1 \times 10^{-6+6}$ V $= 0.1 \times 10^0$ V $= 0.1 \times 1$ V $= 0.1$ V

問 2-7 $R = \dfrac{V}{I} = \dfrac{1}{2 \times 10^{-3}}$ Ω $= \dfrac{1}{2} \times 10^3$ Ω $= 0.5 \times 10^3$ Ω

$\quad = 0.5$ kΩ $(= 500$ Ω$)$

問 2-8 $R = \dfrac{V}{I} = \dfrac{50 \times 10^{-3}}{2 \times 10^{-3}}$ Ω $= \dfrac{50}{2} \times 10^{-3-(-3)}$ Ω $= 25 \times 10^{-3+3}$ Ω

$\quad = 25 \times 10^0$ Ω $= 25 \times 1$ Ω $= 25$ Ω

問 2-9 $R = \dfrac{V}{I} = \dfrac{10}{50 \times 10^{-6}}$ Ω $= \dfrac{10}{50} \times 10^{+6}$ Ω $= 0.2 \times 10^6$ Ω

$\quad = 0.2$ MΩ $(= 200$ kΩ$)$

問 2-10 $R = \dfrac{V}{I} = \dfrac{100}{10 \times 10^{-6}}$ Ω $= \dfrac{100}{10} \times 10^{+6}$ Ω $= 10 \times 10^6$ Ω $= 10$ MΩ

問 2-11 $R_0 = R_1 + R_2 = 10$ Ω $+ 100$ Ω $= 110$ Ω

問 2-12 $R_0 = R_1 + R_2 = 2$ Ω $+ 5$ Ω $= 7$ Ω

問2-13 兩個 2 Ω 的電阻串聯，合成電阻為 2 Ω + 2 Ω = 4 Ω。換句話說，只要串聯兩個 2 Ω 的電阻，當作 4 Ω 的電阻使用即可。

問2-14 $R_0 = \dfrac{R_1 R_2}{R_1 + R_2} = \dfrac{20 \times 30}{20 + 30}\ \Omega = \dfrac{600}{50}\ \Omega = 12\ \Omega$

問2-15 $R_0 = \dfrac{R_1 R_2}{R_1 + R_2} = \dfrac{3 \times 6}{3 + 6}\ \mathrm{k\Omega} = \dfrac{18}{9}\ \mathrm{k\Omega} = 2\ \mathrm{k\Omega}$ ←注意單位

問2-16 $R_0 = \dfrac{R_1 R_2}{R_1 + R_2} = \dfrac{1 \times 1.5}{1 + 1.5}\ \mathrm{k\Omega} = \dfrac{1.5}{2.5}\ \mathrm{k\Omega} = 0.6\ \mathrm{k\Omega} = 600\ \Omega$

問2-17 $R_0 = \dfrac{R_1 R_2}{R_1 + R_2} = \dfrac{1 \times (1 \times 10^3)}{1 + 1 \times 10^3}\ \Omega = \dfrac{1000}{1001}\ \Omega$

$= 0.99900099900099900099900099900 \cdots \Omega \fallingdotseq 1\ \Omega$

↑ 從這個問題可以得知，即使並聯極大的電阻，也幾乎不會產生變化。

問2-18 並聯兩個 20 Ω 的電阻，合成電阻為 $\dfrac{20 \times 20}{20 + 20}\ \Omega = 10\ \Omega$。換句話說，只要並聯兩個 20 Ω 的電阻，當作 10 Ω 的電阻使用即可。

問2-19

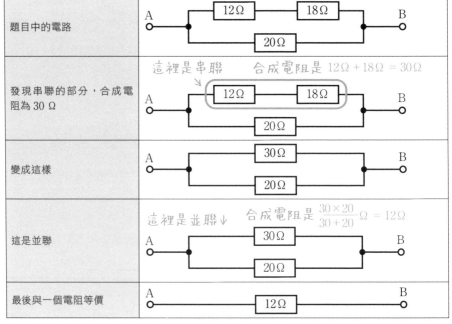

題目中的電路	A — [12Ω] — [18Ω] — B / [20Ω]
發現串聯的部分，合成電阻為 30 Ω	這裡是串聯　合成電阻是 12Ω + 18Ω = 30Ω / A — [12Ω] — [18Ω] — B / [20Ω]
變成這樣	A — [30Ω] — B / [20Ω]
這是並聯	這裡是並聯↓　合成電阻是 $\frac{30 \times 20}{30 + 20}\Omega = 12\Omega$ / A — [30Ω] — B / [20Ω]
最後與一個電阻等價	A — [12Ω] — B

因此，AB 之間的合成電阻是 12 Ω。

問 2-20

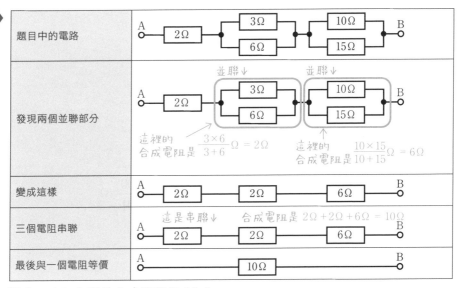

題目中的電路	
發現兩個並聯部分	並聯↓　　　　　並聯↓ 這裡的合成電阻是 $\dfrac{3 \times 6}{3+6}\Omega = 2\Omega$　　這裡的合成電阻是 $\dfrac{10 \times 15}{10+15}\Omega = 6\Omega$
變成這樣	
三個電阻串聯	這是串聯↓　合成電阻是 $2\Omega + 2\Omega + 6\Omega = 10\Omega$
最後與一個電阻等價	

因此，AB 之間的合成電阻是 10 Ω。

問 2-21

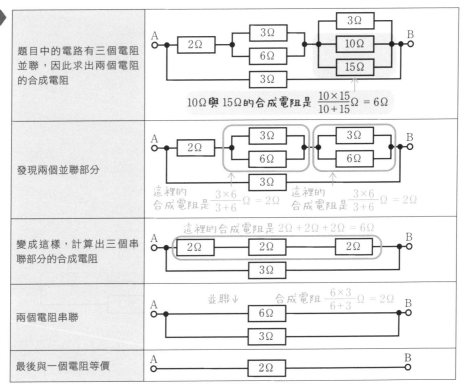

題目中的電路有三個電阻並聯，因此求出兩個電阻的合成電阻	10Ω 與 15Ω 的合成電阻是 $\dfrac{10 \times 15}{10+15}\Omega = 6\Omega$
發現兩個並聯部分	這裡的合成電阻是 $\dfrac{3 \times 6}{3+6}\Omega = 2\Omega$　這裡的合成電阻是 $\dfrac{3 \times 6}{3+6}\Omega = 2\Omega$
變成這樣，計算出三個串聯部分的合成電阻	這裡的合成電阻是 $2\Omega + 2\Omega + 2\Omega = 6\Omega$
兩個電阻串聯	並聯↓　　合成電阻 $\dfrac{6 \times 3}{6+3}\Omega = 2\Omega$
最後與一個電阻等價	

因此，AB 之間的合成電阻是 2 Ω。

問 2-22 （1）I_1〔A〕通過整個電路之後，先計算出 AB 之間的合成電阻。參考下圖，求出 AB 之間的合成電阻，結果是

$$4\,\Omega + \frac{3 \times 6}{3+6}\,\Omega = 4\,\Omega + 2\,\Omega = 6\,\Omega$$

加上 12V 的電壓，根據歐姆定律，所以

$$I_1 = \frac{12}{6}\,\text{A} = 2\,\text{A}$$

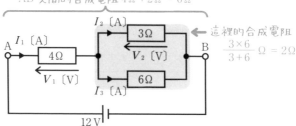

（2）I_1〔A〕的電流通過 4 Ω的電阻，根據歐姆定律，

$$V_1 = I_1 \cdot 4\,\Omega = 2\,\text{A} \times 4\,\Omega = 8\,\text{V}$$

（3）AB 之間加上 12V 的電壓，由於 $V_1 = 8$ V，所以

$$V_2 = 12\,\text{V} - 8\,\text{V} = 4\,\text{V}$$

（4）在 3 Ω的電阻加上 V_2〔V〕的電壓，根據歐姆定律，所以電流 I_2〔A〕是

$$I_2 = \frac{V_2}{3\,\Omega} = \frac{4\,\text{V}}{3\,\Omega} = 1.33\,\text{A}$$

（5）在 6 Ω的電阻加上 V2〔V〕的電壓，根據歐姆定律，所以電流 I_3〔A〕是

$$I_2 = \frac{V_2}{6\,\Omega} = \frac{4\,\text{V}}{6\,\Omega} = 0.667\,\text{A}$$

問 2-23 電池的內部電阻加上所有電動勢時，會通過最大電流，因此

$$I = \frac{E}{r} = \frac{1.5}{0.5}\,\text{A} = 3\,\text{A}$$

問 2-24 根據表 2.2，鎳鉻合金的電阻率是 $\rho = 107.3 \times 10^{-8}\,\Omega \cdot \text{m}$，因此

$$R = \rho\frac{L}{S} = 107.3 \times 10^{-8} \times \frac{1}{8 \times 10^{-6}}\,\Omega = \frac{107.3}{8} \times 10^{-8} \times 10^{+6}\,\Omega$$

$$= 13.4 \times 10^{-2}\,\Omega = 13.4 \times 10^{+1} \times 10^{-3}\,\Omega = 134 \times 10^{-3}\,\Omega$$

$$= 134\,\text{m}\,\Omega$$

問 2-25 （1）根據歐姆定律，通過的電流是 $I = \dfrac{V}{R} = \dfrac{12}{8}$ A $= 1.5$ A

（2）消耗的電力是 $P = VI = 12$ V $\times 1.5$ A $= 18$ W

（3）電力量是 $W = Pt = 18$ W $\times 3$ s $= 54$ Ws

EXESRCISES　第 2 章　練習題解答

【1】根據歐姆定律，通過 8 Ω 電阻的電流是 $\dfrac{8}{8} = 1$ A。

根據歐姆定律，通過 16 Ω 電阻的電流是 $\dfrac{8}{16} = 0.5$ A。

換句話說，加上相同電壓（8V），通過 8 Ω 電阻的電流是 16 Ω 電阻的兩倍。

【2】並聯 $R_1 = R$、$R_2 = R$ 等兩個電阻，合成電阻 R_0 是

$$R_0 = \frac{R_1 R_2}{R_1 + R_2} = \frac{RR}{R + R} = \frac{R^2}{2R} = \frac{R}{2}$$

也就是說，將兩個同樣大小的電阻並聯時，合成電阻的電阻值會變成原本的一半[*1]。

【3】兩個 10k Ω 的電阻並聯，可以產生 $\dfrac{10 \times 10}{10 + 10}$ k Ω $= 5$ k Ω 的電阻。假如再串聯一個 10k Ω 的電阻，可以使用 5 k Ω $+ 10$ k Ω $= 15$ k Ω（換句話說，使用三個 10k Ω 的電阻，合成電阻會變成 15k Ω）。

【4】（1）根據克希荷夫定律

要計算 I_1、I_2、I_3〔A〕等三個量，只要列出三個算式即可。如下圖所示，有兩個閉路，選取一個點，套用克希荷夫定律，列出三個算式。

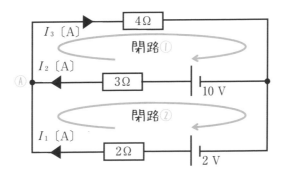

在閉路①、閉路②套用克希荷夫電壓定律，可以導出以下兩個算式。

閉路①：$3I_2 + 4I_3 = 10$　　閉路②：$2I_1 - 3I_2 = 2 - 10$

在點Ⓐ套用克希荷夫電壓定律，可以導出以下算式。

$I_1 + I_2 = I_3$

剛才導出的三個算式分別是

$3I_2 + 4I_3 = 10 \cdots (A)$　$2I_1 - 3I_2 = 2 - 10 \cdots (B)$　$I_1 + I_2 = I_3 \cdots (C)$

解開這些方程式，計算出 I_1、I_2、I_3。首先，在（A）與（B）算式中刪去 I_1，代入兩個未知數 I_2 與 I_3。根據（C）算式

$I_1 = I_3 - I_2 \cdots (C)'$

將這個部分代入（A）與（B）算式，結果是

$$\begin{cases} 3I_2 + 4I_3 = 10 & \cdots (A) \\ 2(I_3 - I_2) - 3I_2 = -8 & \cdots (B)' \end{cases}$$

$$\begin{cases} 3I_2 + 4I_3 = 10 & \cdots (A) \\ -5I_2 + 2I_3 = -8 & \cdots (B)' \end{cases}$$

為了消去 I_3，所以計算（A）$- 2 \times$（B）$'$。

$$\begin{cases} 3I_2 + 4I_3 = 10 & \cdots (A) \\ -10I_2 + 4I_3 = -16 & \cdots 2 \times (B)' \end{cases}$$

$$13I_2 = 26 \qquad \cdots (A) - 2 \times (B)$$

因此計算出 $I_2 = 2$ A。

將 I_2 代入（A），

根據 $3 \times 2 + 4I_3 = 10$，因此 $4I_3 = 10 - 3 \times 2 = 4$

計算出 $I_3 = 1$A

最後，將 I_2 與 I_3 的值代入（C）算式，算出

$I_1 = I_3 - I_2 = 1$ A $- 2$ A $= -1$ A

I_1 的值出現負數是代表，電流通過的方向與圖中的箭頭相反。

$I_1 = -1\,\text{A}$、$I_2 = 2\,\text{A}$、$I_3 = 1\,\text{A}$

（2）使用疊加原理的方法

如下圖所示，原本的電路圖有兩個電動勢 2V 與 10V。如下圖所示，將擁有大量電動勢的電路，分解成各個電路，最後再疊加。

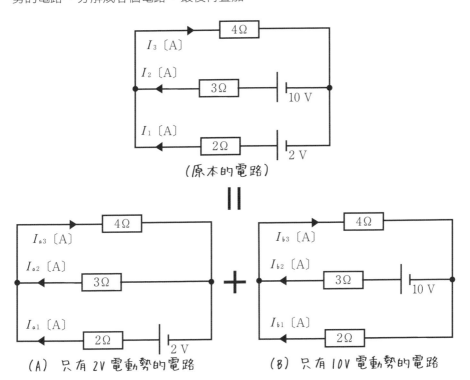

（A）是只有 2V 電動勢的電路，通過 $2\,\Omega$、$3\,\Omega$、$4\,\Omega$ 的電流分別設定為 I_{a1}、I_{a2}、$I_{a3}\,\text{〔A〕}$。（B）是只有 10V 電動勢的電路，通過 $2\,\Omega$、$3\,\Omega$、$4\,\Omega$ 的電流分別設定為 I_{b1}、I_{b2}、$I_{b3}\,\text{〔A〕}$。由於電動勢變成一個，所以要計算出這六個電流 I_{a1}、I_{a2}、I_{a3}、I_{b1}、I_{b2}、$I_{b3}\,\text{〔A〕}$比較簡單，最後再疊加即可。

$I_1 = I_{a1} + I_{b1}$

$I_2 = I_{a2} + I_{b2}$

$I_3 = I_{a3} + I_{b3}$

接下來，將（A）與（B）分開，計算出六個電流。

（A）只有 2V 電動勢的電路

上圖有些複雜，因此將 2 Ω 的電阻順時針旋轉 180°，調整成右圖。這樣就可以清楚瞭解，2 Ω 的電阻與串聯的 3 Ω、4 Ω 並聯。

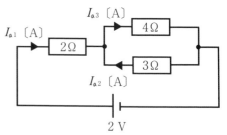

首先，計算出 2V 電動勢兩端的合成電阻。

$$〔2V 電動勢兩端的合成電阻〕= 2\,\Omega + \underbrace{\dfrac{\overbrace{4 \times 3}^{並聯}}{4 + 3}}_{串聯}\,\Omega = 2\,\Omega + \dfrac{12}{7}\,\Omega = \dfrac{26}{7}\,\Omega$$

$I_{a1}〔A〕$是來自於 2V 電動勢的電流，根據歐姆定律，計算出

$$I_{a1} = \dfrac{2\,V}{〔2V 電動勢兩端的合成電阻〕} = \dfrac{2\,V}{\dfrac{26}{7}\,\Omega} = 2 \times \dfrac{7}{26}\,A = \dfrac{7}{13}\,A$$

接下來，為了計算 I_{a2}、$I_{a3}〔A〕$，先求出加在 3 Ω 與 4 Ω 的電壓。

$$〔3\,\Omega 、4\,\Omega 兩端的電壓〕= 2\,V - 〔2\,\Omega 電阻的電壓〕$$

$$= 2\,V - 2\,\Omega \times I_{a1}$$

$$= 2\,V - 2\,\Omega \times \dfrac{7}{13}\,A$$

$$= \dfrac{12}{13}\,V$$

根據歐姆定律，可以計算出

$$I_{a2} = -\dfrac{〔3\,\Omega 、4\,\Omega 兩端的電壓〕}{〔I_{a2}〔A〕通過的電阻〕}$$

$$= -\dfrac{\dfrac{12}{13}\,V}{3\,\Omega} = -\dfrac{12}{13 \times 3}\,A = -\dfrac{4}{13}\,A$$

$$I_{a3} = \dfrac{〔3\,\Omega 、4\,\Omega 兩端的電壓〕}{〔I_{a3}〔A〕通過的電阻〕}$$

$$= \dfrac{\dfrac{12}{13}\,V}{4\,\Omega} = \dfrac{12}{13 \times 4}\,A = \dfrac{3}{13}\,A$$

這裡在 $I_{a2}〔A〕$加上負號，是因為考量到 $I_{a2}〔A〕$的方向。

（B）只有 10V 電動勢的電路

和（A）一樣，先調整電路。將 3 Ω 的電阻順
時針旋轉 180°，調整成右圖。這樣就可以清楚
瞭解，3 Ω 的電阻與串聯的 2 Ω、4 Ω 並聯。
首先，計算出 10V 電動勢兩端的合成電阻。

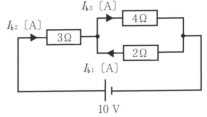

$$\left[10V\ 電動勢兩端的合成電阻\right] = 3\ \Omega + \underbrace{\overbrace{\frac{2 \times 4}{2 + 4}}^{並聯}\ \Omega}_{串聯} = 3\ \Omega + \frac{4}{3}\ \Omega = \frac{13}{3}\ \Omega$$

I_{b2}〔A〕是來自於 10V 電動勢的電流，根據歐姆定律，計算出

$$I_{b2} = \frac{10\ V}{\left[2\ V\ 電動勢兩端的合成電阻\right]} = \frac{10\ V}{\dfrac{13}{3}\ \Omega} = 10 \times \frac{3}{13}\ A = \frac{30}{13}\ A$$

接下來，為了計算 I_{b1}、I_{b3}〔A〕，先求出加在 2 Ω 與 4 Ω 的電壓。

$$\left[2\ \Omega、4\ \Omega\ 兩端的電壓\right] = 10\ V - \left[3\ \Omega\ 電阻的電壓\right]$$
$$= 10\ V - 3\ \Omega \times I_{b2}$$
$$= 10\ V - 3\ \Omega \times \frac{30}{13}\ A$$
$$= \frac{40}{13}\ V$$

如此一來，根據歐姆定律，可以計算出

$$I_{b1} = -\frac{\left[2\ \Omega、4\ \Omega\ 兩端的電壓\right]}{\left[I_{b1}〔A〕通過的電阻\right]}$$

$$= -\frac{\dfrac{40}{13}\ V}{2\ \Omega} = -\frac{40}{13 \times 2}\ A = -\frac{20}{13}\ A$$

$$I_{b3} = \frac{\left[3\ \Omega、4\ \Omega\ 兩端的電壓\right]}{\left[I_{b3}〔A〕通過的電阻\right]}$$

$$= \frac{\dfrac{40}{13}\ V}{4\ \Omega} = \frac{40}{13 \times 4}\ A = \frac{10}{13}\ A$$

這裡在 I_{b1}〔A〕加上負號，是因為考量到 I_{b1}〔A〕的方向。

因此，計算出六個電流 I_{a1}、I_{a2}、I_{a3}、I_{b1}、I_{b2}、I_{b3}〔A〕。最後使用疊加原理，

$$I_1 = I_{a1} + I_{b1} = \frac{7}{13}\,\text{A} + \left(-\frac{20}{13}\right)\text{A} = -1\,\text{A}$$

$$I_2 = I_{a2} + I_{b2} = \left(-\frac{4}{13}\right)\text{A} + \frac{30}{13}\,\text{A} = 2\,\text{A}$$

$$I_3 = I_{a3} + I_{b3} = \frac{3}{13}\,\text{A} + \frac{10}{13}\,\text{A} = 1\,\text{A}$$

【5】 $V = 100\,\text{V}$ 的電壓，使用燈泡，消耗 $P = 60\,\text{W}$ 的電力時，

會通過 $I = \dfrac{P}{V} = \dfrac{60}{100}\,\text{A} = 0.6\,\text{A}$ 的電流。

即可得知，此燈泡的電阻是 $R = \dfrac{V}{I} = \dfrac{100}{0.6}\,\Omega$。

在此燈泡加上 $V' = 80\,\text{V}$ 的電壓，根據歐姆定律，通過的電流 I'〔A〕是

$$I' = \frac{V'}{R} = \frac{80\,\text{V}}{\dfrac{100}{0.6}\,\Omega} = \frac{80}{100} \times 0.6\,\text{A}$$

此時消耗的電力 P'〔W〕是

$$P' = V'I' = 80\,\text{V} \times \frac{80}{100} \times 0.6\,\text{A} = 38.4\,\text{W}\ ^{*2}$$

【6】 負荷電阻為 $0\,\Omega$，在內部電阻中，加上全部電動勢的電壓時，會產生最大電流，根據歐姆定律會成為

$$I = \frac{E}{r} = \frac{8}{2}\,\text{A} = 4\,\text{A}$$

根據「**2-18** 最大輸出電力」的説明，可供給的最大電力是

$$P_{\max} = \frac{E^2}{4\,r} = \frac{8^2}{4 \times 2}\,\text{W} = 8\,\text{W}$$

---

*2　這個問題的關鍵是，要計算出燈泡的電阻值。但是實際上，燈泡的電阻值會隨著電壓而變化。原因在於，燈泡的溫度會受到通過電流的影響而改變，使得燈絲的電阻率出現變化。不過這個練習題中，不考慮這些細節。

問題解答

問 3-1 導體中產生靜電感應，極化是在介電質中產生。

問 3-2 電子的電荷大小是 1.602×10^{-19}C [*3]，
所以 $Q_1 = Q_2 = 1.602 \times 10^{-19}$，根據庫倫定律

$$F = k\frac{Q_1 Q_2}{r^2} = 9.0 \times 10^9 \times \frac{1.602 \times 10^{-19} \times 1.602 \times 10^{-19}}{100^2}\text{ N}$$
$$= 2.31 \times 10^{-32}\text{ N}$$

問 3-3 並聯電容器的合成靜電容量是以「加法」計算，因此
$$C = C_1 + C_2 = 10\text{ nF} + 30\text{ nF} = 40\text{ nF}。$$

問 3-4 串聯電容器的合成靜電容量是以「和分之積」計算，因此

$$C = \frac{C_1 C_2}{C_1 + C_2} = \frac{30 \times 60}{30 + 60}\text{ nF} = 20\text{ nF}。$$

問 3-5 根據 $W = \dfrac{1}{2}\dfrac{Q^2}{C}$，所以 $W = \dfrac{1}{2}\dfrac{(1 \times 10^{-3})^2}{1 \times 10^{-6}}\text{ J} = 0.5\text{ J}$

EXESRCISES 第 3 章 練習題之 1 解答

【1】電子的電荷大小是 1.602×10^{-19}C，所以根據庫倫定律

$$F = k\frac{Q_1 Q_2}{r^2} = 9.0 \times 10^9 \times \frac{1.602 \times 10^{-19} \times 1.602 \times 10^{-19}}{2^2}\text{ N}$$
$$= 5.77 \times 10^{-29}\text{ N}$$

【2】先計算出庫倫定律中出現的比例常數 k。真空狀態的電容率是 ε_0，現在要計算對玻璃中的電子產生的作用力。將比例常數中出現的 ε_0 換成 ε

$$k = \frac{1}{4\pi\varepsilon} = \frac{1}{4\pi \times 7.5\varepsilon_0} = \frac{1}{4\pi\varepsilon_0} \times \frac{1}{7.5} = 9.0 \times 10^9 \times \frac{1}{7.5} = 1.2 \times 10^9$$

因此

$$F = k\frac{Q_1 Q_2}{r^2} = 1.2 \times 10^9 \times \frac{1.602 \times 10^{-19} \times 1.602 \times 10^{-19}}{2^2}\text{ N}$$
$$= 7.70 \times 10^{-30}\text{ N}$$

[*3] 只要知道力的大小，不考慮 ± 符號。

【3】 $F = QE = 0.2 \times 3 \, \text{N} = 0.6 \, \text{N}$

【4】 四條

【5】 $C = \varepsilon \dfrac{S}{d}$、$\varepsilon = \varepsilon_0 = 8.85 \times 10^{-12} \, \text{F/m}$、$S = 10 \, \text{cm}^2 = 0.001 \, \text{m}^2$

$d = 1 \, \text{mm} = 1 \times 10^{-3} \, \text{m}$

所以 $C = \varepsilon \dfrac{S}{d} = 8.85 \times 10^{-12} \times \dfrac{0.001}{1 \times 10^{-3}} \, \text{F} = 8.85 \times 10^{-12} \, \text{F} = 8.85 \, \text{pF}$

【6】 並聯電容器的合成靜電容量是以「加法」計算，因此

$C = C_1 + C_2 = 1 \, \mu\text{F} + 1 \, \mu\text{F} = 2 \, \mu\text{F}$

【7】 並聯五個 $1\mu\text{F}$ 的電容器，如此一來，合成靜電容量變成 $1 \, \mu\text{F} \times 5 = 5 \, \mu\text{F}$。

問題解答

問 3-6 對 I_2〔A〕產生的磁力線方向與 I_1〔A〕的方向套用弗萊明左手定則。請參考下圖，對應到左手的各手指。

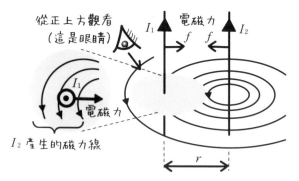

問 3-7 安培定律：這是表示迴路的磁通密度總和與迴路內電流關係的定律。

必歐沙伐定律：這是表示部分電流（電流片）產生磁通密度的定律。

問 3-8 這是體驗型的學習範例，很難用紙張描述答案。請實際實驗看看，鐵應該會受到磁石吸引，因為鐵的磁導率遠比真空中的磁導率大，所以鐵的磁通密度會變大，磁石與鐵的吸力也會因此增加。

鋁幾乎不會被磁石吸住。因為鋁的磁導率與真空中的磁導率幾乎一模一樣，因此在真空中，接近磁石的吸力，都會作用在磁石上。

問 3-9 線圈的圈束與電感存在著 $L = N\dfrac{\Phi}{I}$ 的關係，因此計算出 $N = \dfrac{LI}{\Phi}$。

Φ 是代表磁通的變化量，所以 $\Phi = 0.2\,\text{mWb} - 0.1\,\text{mWb} = 0.1\,\text{mWb}$，此時的感應電流是 $I = 0.1\,\text{mA}$，所以只要捲繞

$$N = \frac{LI}{\Phi} = \frac{10 \times 10^{-3} \times 0.1 \times 10^{-3}}{0.1 \times 10^{-3}} = 0.01\ \text{次}$$

就可以了 [4]。

問 3-10
$$W = \frac{1}{2}LI^2 = \frac{1}{2} \times 100 \times 10^{-3} \times (1 \times 10^{-3})^2\,\text{J}$$
$$= 0.5 \times 10^{-7}\,\text{J} = 50 \times 10^{-9}\,\text{J} = 50\,\text{nJ}$$

EXESRCISES 　　　第 3 章　　練習題之 2　　解答

【1】磁通密度如下。

$$B = \mu_0 \frac{I}{2\pi r} = 4 \times \pi \times 10^{-7} \times \frac{1}{2 \times \pi \times 1}\ \text{T} = 2 \times 10^{-7}\,\text{T}$$

因為 $B = \mu_0 H$，所以磁場強度是

$$H = \frac{B}{\mu_0} = \frac{2 \times 10^{-7}}{4 \times \pi \times 10^{-7}} = 0.159\,\text{A/m}$$

【2】磁通密度如下。

$$B = \mu_0 \frac{I}{2r} = 4 \times \pi \times 10^{-7} \times \frac{1}{2 \times 1}\ \text{T} = 6.28 \times 10^{-7}\,\text{T}$$

因為 $B = \mu_0 H$，所以磁場強度是

$$H = \frac{B}{\mu_0} = \frac{\mu_0 \dfrac{I}{2r}}{\mu_0} = \frac{I}{2r} = \frac{1}{2 \times 1}\ \text{A/m} = 0.5\,\text{A/m}$$

---

[4] 只捲繞一次的線圈，就可以得到 10mH 的電感，代表線圈內的物質磁導率非常大或線圈尺寸很大。實際上，捲繞一次的線圈很難產生 10mH 的電感。

【3】磁通密度是指，以電磁力強弱來代表磁力的量。

磁場強度是指，以電流大小來表示磁力的量。

【4】弗萊明左手定則是，電磁力作用時，代表「電磁力」、「磁場」、「電流」方向關係的定律。

弗萊明右手定則是，產生感應電動勢時，代表「導體移動方向」、「磁場」、「感應電流」方向關係的定律。

第 4 章

問題解答

問 4–1
$$\cos 30^\circ = \frac{鄰邊}{斜邊} = \frac{\sqrt{3}}{2}$$

$$\tan 30^\circ = \frac{對邊}{鄰邊} = \frac{1}{\sqrt{3}}$$

$$\csc 30^\circ = \frac{斜邊}{對邊} = \frac{2}{1} = 2$$

$$\sec 30^\circ = \frac{斜邊}{鄰邊} = \frac{2}{\sqrt{3}}$$

$$\cot 30^\circ = \frac{鄰邊}{對邊} = \frac{\sqrt{3}}{1} = \sqrt{3}$$

問 4–2 $f = \dfrac{1}{T} = \dfrac{1}{0.02\,\mathrm{s}} = 50\,\mathrm{Hz}$

問 4–3 從瞬時值可以得知最大值是 20V。因此

平均值 $= \dfrac{2}{\pi}$ 最大值 $= \dfrac{2}{\pi} \cdot 20\,\mathrm{V} = 12.7\,\mathrm{V}$

問 4–4 從瞬時值可以得知最大值是 20V。因此

有效值 $= \dfrac{1}{\sqrt{2}}$ 最大值 $= \dfrac{1}{\sqrt{2}} \cdot 20\,\mathrm{V} = 14.1\,\mathrm{V}$

問 4–5 (1) $(3 + j\,4) + (2 - j\,3) = (3 + 2) + j\,(4 - 3) = 5 + j$

(2) $(3 + j\,4) - (2 - j\,3) = (3 - 2) + j\,\{4 - (-3)\} = 1 + j\,7$

(3) $(3 + j\,4)(2 - j\,3)$

$= 3 \cdot 2 + 3 \cdot (-j\,3) + j\,4 \cdot 2 + j\,4 \cdot (-j\,3)$

$= 6 - j\,9 + j\,8 - j^2\,12 = 6 + (-j\,9 + j\,8) - (-1) \cdot 12$

$= (6 + 12) + j\,(-9 + 8) = 18 - j$

$$（4）\frac{3+j\,4}{2-j\,3} = \frac{3+j\,4}{2-j\,3} \cdot \frac{2+j\,3}{2+j\,3} = \frac{(3+j\,4)\,(2+j\,3)}{(2-j\,3)\,(2+j\,3)}$$

$$= \frac{-6+j\,17}{13} = -\frac{6}{13} + j\,\frac{17}{13}$$

問 4-6 這是實踐題，請外出時，注意觀察。

問 4-7 請實際動手計算。

$$\dot{V}_a + \dot{V}_b + \dot{V}_c$$

$$= V + V\left(-\frac{1}{2} - j\,\frac{\sqrt{3}}{2}\right) + V\left(-\frac{1}{2} + j\,\frac{\sqrt{3}}{2}\right)$$

$$= V\left(1 - \frac{1}{2} - j\,\frac{\sqrt{3}}{2} - \frac{1}{2} + j\,\frac{\sqrt{3}}{2}\right)$$

$$= V\left[\underbrace{1 - \frac{1}{2} - \frac{1}{2}}_{\text{實部}} + j\left(\underbrace{-\frac{\sqrt{3}}{2} + \frac{\sqrt{3}}{2}}_{\text{虛部}}\right)\right]$$

$$= V\,(0 + j0) = 0$$

EXESRCISES 　　　　第 4 章　　練習題解答

【1】（1）$100\sqrt{2}$ V

（2）平均值 $= \dfrac{2}{\pi} \times$ 最大值 $= \dfrac{2}{\pi} \times 100\sqrt{2}$ V $= 90.0$ V

（3）有效值 $= \dfrac{1}{\sqrt{2}} \times$ 最大值 $= \dfrac{1}{\sqrt{2}} \times 100\sqrt{2}$ V $= 100$ V

（4）$120\,\pi\,t = \omega\,t$ 所以 $\omega = 120\,\pi$ rad/s $= 377$ rad/s

（5）$\omega = 2\,\pi\,f$ 所以 $f = \dfrac{\omega}{2\,\pi} = \dfrac{120\,\pi}{2\,\pi}$ Hz $= 60$ Hz

（6）$T = \dfrac{1}{f}$ 所以 $T = \dfrac{1}{f} = \dfrac{1}{60\ \text{Hz}} = 0.0167$ s $= 16.7$ ms

【2】$Z = \sqrt{R^2 + (\omega\,L)^2} = \sqrt{6^2 + 8^2}\ \Omega = \sqrt{100}\ \Omega = 10\ \Omega$

【3】首先，以向量表示阻抗

$$\dot{Z} = R + j\omega\,L = 6 + j\,8\ \Omega$$

根據歐姆定律

$$\dot{I} = \frac{V}{\dot{Z}}$$

$$= \frac{10}{6+j8} \quad \blacktriangleleft \boxed{\text{複數的除法}}$$

$$= \frac{10}{6+j8} \cdot \frac{6-j8}{6-j8} \quad \blacktriangleleft \boxed{\text{在分母與分子乘 6-}j\text{8}}$$

$$= \frac{10(6-j8)}{(6+j8)(6-j8)}$$

$$= \frac{10(6-j8)}{(6^2+8^2)}$$

$$= \frac{10(6-j8)}{100}$$

$$= \frac{6-j8}{10}$$

$$= 0.6 - j0.8 \text{ A}$$

這樣就能以直角座標表示法計算出電流。

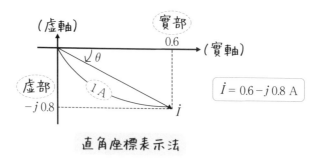

直角座標表示法

接下來，要計算出功率因數。從 $\dot{I}$ 的實部與虛部值當中，可以計算出向量大小（有效值）與方向（初期相位 $= \theta$）。根據畢氏定理，$\dot{I}$ 的大小 I〔A〕是

$$I = \sqrt{實部^2 + 虛部^2} = \sqrt{0.6^2 + (0.8)^2} = 1 \text{ A}$$

由於功率因數是 $\cos\theta$，所以

$$\cos\theta = \frac{實部}{大小} = \frac{0.6}{1} = 0.6$$

最後，有效電力 P〔W〕是

$$P = VI\cos\theta = 10 \times 1 \times 0.6 = 0.6 \text{ W}$$

【4】三相交流的三個電壓分別顯示為

$$\dot{V}_a = V \cdot \dot{V}_b = V\left(-\frac{1}{2} - j\frac{\sqrt{3}}{2}\right) \cdot \dot{V}_c = V\left(-\frac{1}{2} + j\frac{\sqrt{3}}{2}\right)$$

畫出來的向量圖如左下。請見右圖，執行 $\dot{V}_a + \dot{V}_b$ 的話，可以得知，與 $\dot{V}_c$ 的方向相反，但是大小一樣。因此可以導出

$$\dot{V}_a + \dot{V}_b + \dot{V}_c = (\dot{V}_a + \dot{V}_b) + \dot{V}_c = (-\dot{V}_c) + \dot{V}_c = 0$$

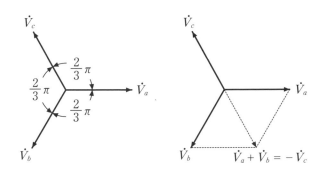

【5】將負荷的 Δ 接線轉換成 Y 接線，就可以用 Y － Y 接線來思考電路。

根據 $\dot{Z}_Y = \frac{1}{3}\dot{Z}_\Delta$

當 Δ 接線的阻抗變成 $\frac{1}{3}$ 倍時，轉換成 Y 接線，就會執行相同作用。因此，把電路改寫成下圖，以一相來思考，可以導出以下算式。

$$I = \frac{V}{\dot{Z}_Y} = \frac{200}{4} = 50 \text{ A}$$

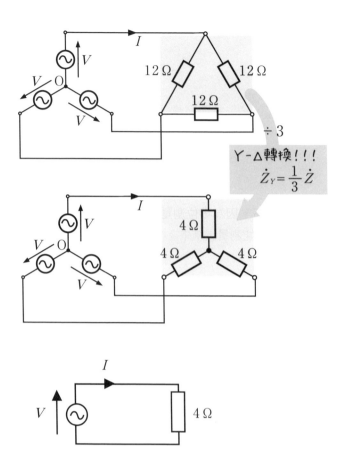

接著是三相電力，相電壓與相電流的算式如下所示。

$$V_p = 200 \text{ V} \qquad I_p = 50 \text{ A}$$

由於功率因數為1，所以用三個單向電力來思考，算式如下所示。

$$P_3 = 3 V_p I_p \cos \theta = 3 \cdot 200 \cdot 50 \cdot 1 \text{ W} = 30\,000 \text{ W} = 30 \text{ kW}$$

利用線電壓或線電流來計算，也可以獲得相同結果。Y－Y 接線是

$$V_l = \sqrt{3} \, V_p = 200 \sqrt{3} \text{ V} \qquad I_l = I_p$$

所以算式如下。

$$P_3 = \sqrt{3} \, V_l I_l \cos \theta = \sqrt{3} \cdot 200 \sqrt{3} \cdot 50 \cdot 1 \text{ W} = 30 \text{ kW}$$

第 5 章

問題解答

問 5-1 （1）3　　（2）5　　（3）7　　（4）11

EXESRCISES　　　第 5 章　　練習題解答

【1】零位測量法的精準度較高。因為零位測量法是在指針不擺動的狀態來進行測量，受測的量不會搶走能量，就能測量出結果。

【2】位移測量法比較容易測量出結果。因為此種測量法是讓指針擺動，直接顯示出刻度，能立即得知測定值。

【3】（誤差）=（測定值）–（真值）= 102 g – 100 g = 2 g

（誤差率）= $\dfrac{（誤差）}{（真值）}$ = $\dfrac{2}{100}$ = 0.02 = 2 ％

【4】（誤差）=（測定值）–（真值）= 1.67 V – 1.5 V = 0.17 V

（誤差率）= $\dfrac{（誤差）}{（真值）}$ = $\dfrac{0.17}{1.5}$ = 0.113 = 11.3 ％

【5】如圖所示，分流器 r_s 與整流計並聯時，可以決定 r_s 的值。由於整流計最多只能通過 5A 的電流，因此只要讓 10 A – 5 A = 5 A 的電流導入分流器即可。根據歐姆定律，可以得知要在整流計加入 V_s =〔通過整流計的電流〕× r_s =5A × 2 Ω = 10V 的電壓。從按照歐姆定律，可以導出

$$r_s = \dfrac{V_s}{〔通過\ r_s\ 的電流〕} = \dfrac{10}{5}\ \Omega = 2\ \Omega$$

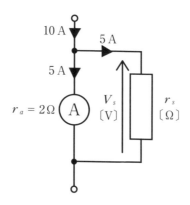

問題解答

問 6-1 一般而言，輸出較大（可以發電的電力愈大）的發電機，過渡期會拉長。輸出愈大，發電機愈大，要達到一定的轉速，需要較多的時間。

EXESRCISES 第 6 章 練習題解答

【1】 $RC = 20 \times 10^3 \times 10 \times 10^{-6}\text{s} = 0.2\,\text{s}$

【2】 半波整流波比較尖銳。因為代表波形尖銳度的波形率最大。

謝詞

最後，在此我要對翔泳社的各位夥伴致上深深的謝意。當我在私生活不順利，陷入低潮時，你們給了我如此有趣的工作，讓我可以把沉浸在悲傷的時間花在撰稿上。沒有電路學知識的年輕人，還要耐性地與我共事，實在很辛苦吧！真的非常感謝各位。

索引

文科生也看得懂的電路學 第二版 (修訂版)

作　　者：山下明
裝訂‧文字插圖：坂木浩子
譯　　者：吳嘉芳
企劃編輯：江佳慧
文字編輯：王雅雯
設計裝幀：張寶莉
發 行 人：廖文良

發 行 所：碁峰資訊股份有限公司
地　　址：台北市南港區三重路 66 號 7 樓之 6
電　　話：(02)2788-2408
傳　　真：(02)8192-4433
網　　站：www.gotop.com.tw
書　　號：ACH021531
版　　次：2024 年 02 月修訂二版
建議售價：NT$450

國家圖書館出版品預行編目資料

文科生也看得懂的電路學 / 山下明原著；吳嘉芳譯. -- 修訂二版.
　-- 臺北市：碁峰資訊, 2024.02
　　面；　　公分
　ISBN 978-626-324-742-0(平裝)
　1.CST：電路
448.62　　　　　　　　　　　　　113000576